シリーズ
ケアをひらく
弱いロボット
岡田美智男
20L
医学書院

はじめに

ちょっと退屈なので、公園を散歩する、街の中をふらりと歩いてみる。何を買うというあてもなく、本屋さんにふらりと立ち寄り、雑誌などをぱらぱらと眺めてみる。

そんなとき、その目的や理由などを一つひとつ考えることはしない。なんとなく一歩を進めるときの、なかば地面に委ねきった感じがいい。街の中を歩くときも、偶然の出会いに任せるような、着の身着のままな感じがいい。いつもの街並みに囲まれながらほっとする感じだ。

日々の暮らしの中で、この「なにげない」と表現される行為は数限りなくある。人とのなにげない雑談であるとか、身の回りのものを手にして、なにげなく遊んでいる。いまこうしてパソコンに向かいながらも、なにげなくマウスを動かしている。

人と話をするときも、そのときの思いに任せて言葉を並べてみると、その言葉に引き出されるようにして、また新たな思いがいくつか浮かんでくる。思うところがあって言葉を並べているという側面もあるけれど、ちょっとした思いつきで生まれた言葉尻から新たな考えが浮かんでくることが多い。それは何かの目的を果たすというより、むしろ結果として何かが生み出されていたという感じに近い。

しかし、ふと手が止まる。「なにげない行為」とはいったい何をしているのか……。

こうして考えながらも、またとりとめもなくパソコンのブラウザをクリックし、ニュース記事のヘッドラインに目を通している。

普通に、さりげなく、それほど考え込まずに。

★★★

日々の暮らしの中で、この「なにげないこと」に気づくためには、ちょっとした仕掛けが必要になる。たとえば居場所を移してみると、なにげないことの存在や意味に気づくことが多いだろう。

旅先などで誰ひとり乗り合わせていない電車に乗り込むと、なぜか落ち着かない気持ちになることはないだろうか。どこに座ってもいいのだという解放感がある一方で、「あれ？　この電車でよかったんだよな……」と不安も感じる。どこに座り直しても、誰も泳いでいないプールの中にいるような、ふわふわとした感じが残る。

では、少し混雑した電車の中ではどうか。電車に乗り込み、シートに腰をおろそうとするとき、目の前に座る見知らぬ女性の視線を思わず気にしてしまう。どこのシートに座ってもいいのだけれど、なんとなく周囲の目を意識しながらシートを選び、そそくさと自分の衣服や髪の乱れを整えている。どうやら私たちは、いつもひとりで行動していると思っていても、他の人との関わりの中でそれとなく自分の振る舞いをデザインしているようなのだ。

人間だけでなく、モノたちとの関わりの中でも自分の「なにげない行為」の存在に気づかされることがある。

軽い用事で電話をしてみたら、相手はあいにく留守だった。と、すかさずその留守番電話は「ただいま電話に出ることができません。ピーっと鳴ったら……」と例の調子でメッセージを残すことを催促する。私はといえば、この誘いを振り切るかのように、いつも慌てて受話器を置くことになる。ときおり「なんて小心者なのだろうか」とも思う。ただ、相づちも反応も何もない留守番電話にメッセージを残すのはちょっと苦手だなあと思う人は、私だけではないだろう。

どうやら「なにげなく」振る舞うには、さまざまな前提となる条件があるらしい。

★★★

日常の自明性を疑う手段として、社会学や文化人類学などでは「異邦人」の視点を借りることがある。

海外の地に降り立ったとき、はじめの何日かは、何を見ても物めずらしく感じる。街の看板のいろいろなフォントを楽しむ。妙な日本語を目にして、おもわずほくそ笑む。海外で活躍する日本企業の広告を目にして、いつもは感じることのない日本人としての誇りのようなものを感じたりする。あるいは海外の研究室で、廊下ですれ違う相手になにげなくお辞儀をする自分に気づいて、なぜ私たちは知り合いに会うと頭を下げるという行為をするのだろうかと考える。そのような視点で日常を見直すのだ。

本書では、なにげない日常を逆照射する新たな手段として、「ロボット」というものを登場させてみたい。

私たちの暮らしの中に入り込みつつあるロボットの「内なる視点」からは、私たちの生活や振る舞いはどのように映るのだろう。私たちとロボットとの関わりやそこでの違和感を手掛かりに、私たち自身のなにげない行為をとらえ直すことはできないだろうか。サルやチンパンジーに対する行動観察からヒトの理解へと逆照射を試みる比較認知科学などの視点とも重なるが、ここではロボットという「異邦人」の視点を借りてみようというわけである。

ただ、最初にお断りしておかなければならない。

本書の中に登場するロボットたちは、読者の方々の期待を裏切ってしまうかもしれない。残念ながら、最近のすごいといわれるロボット技術からはかなり距離があるのだ。

ときどき子どもから叩かれたりもする、ちょっと情けないロボット。自分ではゴミを拾えない手の掛かるゴミ箱ロボット。〝ピングー語〟で他愛もないおしゃべりする目玉だけのロボット……。いずれも、いろいろな事情も重なってはじめから「役に立つロボット」であることを降りてしまったような「弱い」ロボットたちである。

そうしたロボットたちの少し低い目線から、私たちの振る舞いや人との関わりを丁寧に眺めてみたい。そして、こうした「弱さ」を備えたロボットたちがときどき発揮する、意外なちからを探ってみたいと思っている。

弱いロボット　目次

第3章
賭けと受け

第6章 なんだコイツは？

第1章

言葉のもつリアリティを求めて

1 そのしゃべりで暮らしていけるの!?

う、うらやましい……

もう十五年以上も前のことになるだろう。東京の武蔵野市や神奈川の厚木市にあったＮＴＴの基礎研究所から、大阪・京都・奈良の県境の「けいはんな」学術研究都市にあるＡＴＲ（国際電気通信基礎技術研究所）という職場に異動する機会があった。

当初は「そのしゃべりで、関西で暮らしていけるの？」と心配してくれた人も何人かいたように思う。東北の生まれということもあって、私は人よりも口が重いのだ。そうした不安を抱きながらも、生まれてはじめて関西圏に移り住んだ。

ところが転機とは意外なところにあるもので、この地は「雑談」研究のフィールドとしては格好の場所だった。はじめは、相手のちょっとした言葉づかいも興味の対象になる。

「岡田さん、こんなん知ってはります？」
（えっ、この「知ってはる」の「はる」ってどういうことなのよ……）

会話の中身はそっちのけで、その表現の一つひとつが気になってしまう。あるいは、同僚たちの間で繰り広げられるにぎやかな「しゃべり」。それまでは、人の雑談をかたわらで眺めながら「うらやましい」と感じるようなことはなかったように思う。ところが「ボケ」と「ツッコミ」との違いもよくわからなかった者にとって、彼（彼女）らの軽快なしゃべりはしばらく憧れの対象になった。

こんな巧妙な会話にはしばらく入り込めそうもないぞ、どうしよう、相手がボケてきたらすかさずツッコミを入れなければならないのか……。タイミングをつかまえようとすればするほど、会話には入れそうもない。

それはちょうど、大きな縄跳びの輪の中になかなか入れず、小さくなっている子どもの姿であった。あと一、二年も暮らしていればそのくらいしゃべれるよと言われたけれど、ほんとかなぁ。もしマスターできたらそれはそれで凄いことかもしれないけれど（実際のところは、十五年以上も関西の地で生活してきたのだけれど、あのしゃべりは未だにできない）。

そんな環境で過ごすうちに、「なにげない雑談とは、そもそもどういうものなのだろう」と、うらやましさを通り越して好奇心が生まれてきたのだ。

じゃんけんで音声の世界へ

その時々の研究テーマというのは、偶然が重なって生まれてくる。私は大学生のころ、ノーベル物理学賞を受賞された朝永振一郎先生や湯川秀樹先生などへの憧れもあってか、量子力学の世界に熱中していた。学部の二年生のときに受講したゼミ形式での量子力学の授業は当時としては斬新なスタイルで、すぐにその分野の虜《とりこ》になった。そうしたこともあって、ずっとトランジスタやＬＳＩなどの物性を探る半導体物理、固体物理の世界で仕事をしていくのだろうと漠然と考えていた。

ところが研究室の配属を決める際になって、あっけなくもじゃんけんで負けた。幸か不幸かそこで配属になったのは、音声科学や音声認識・合成などを専門とする研究室。ここでたまたま出会った「音声」という分野に実際に関わってみると、これはこれでとても興味深いものだった。結果としてあのときのじゃんけんの結末がその後の人生をも大きく左右しているのだから、不思議なものである。

その当時、学生でもようやく手に入れられるようになったパソコンに、音声波形のデータを一つひとつテンキーで入力していく。「おはよう」の「お」の音だけで、約一〇〇〇個のデータになる。ようやく入力しおえた音声波形のデータを「線形予測分析法」と呼ばれる手法に基づいて分析すると、喉から唇までの「声道」の形状を近似的に推定できた。つまり、この声道の形は「お」という音を発声するときのものなのか、それとも「は」のときのものなのかを推測できるのだ。

今となってはとても素朴な方法なのだけれど、その当時は素直に感動した。そして、この音声科学の世界にしばらく熱中することになった。

意外なつまずき

コンピュータの能力が増すにつれて、数年後には、十数秒程度の時間幅を持つ文を扱えるまでになった。

「かれの・ていあんは・さいたくされ・なかった・ようです」

この言葉はどのような単語の列から構成されているのか、文法的な構造はどのようなものか、そしてその文の意味するところはどのようなものかをコンピュータで解析していく。

と同時に、音声を高精度に認識するために、文法的な制約を利用して、音声認識の候補となる単語列をあらかじめ予測し、その探索範囲を絞り込んでいく。次の発話は「かれの」になるのか、「かれに」になるのか、それとも「かれと」になるのか――。相手のあらゆる発話の可能性に対して、文法的に受け入れ可能な範囲に網を張って待ち構えるような感じだろうか。

大学を卒業し、最初の職場となるＮＴＴの基礎研究所でも、この音声認識と自然言語処理とを統合するようなアプローチをしばらく続けてみた。しかし、文法的な制約を使って相手の発話を予測することに飽き足らず、さらに「相手の発話プランそのものを予測する」という領域に踏み込んだあたりから、少しずつ雲行きが怪しくなってきた。

相手はいまどのような心理状態にあって、どんな信念や意図を持っているのか。そうした信念や意図を背景に、いまどのような発話を繰り出そうとしているのか――。あらゆる可能性に配慮しながら予測し、大きな網を張って待ち構えるわけである。「プラン推論に基づく次発話の予測結果を、音声認識における探索範囲を制約することに用いる」という発想なのだけれど、話し手の発話しうる候補は膨大である。

限られた話題や状況の中だけであればなんとか対処できたけれども、実際の発話では、その可能性は組み合わせの数が指数関数的に膨らんでしまう。たとえば、「今日は天気が悪そうだから……」に続く発話は、その背後にある信念や意図に基づいて、「外出を避ける」のか、「早く出かけたい」のか、「傘を持っていかなければ」なのか、あるいは「天気予報を確認しなければ」なんてこともありうる。

こうした対話理解やプラン認識などの研究の多くは、この「指数的な爆発」と呼ばれるような問題を前にして、いつの間にか勢いをなくしていった。いわゆる「人工知能研究の冬の時代」の到来である。

そもそも人は言い淀む

推論という形式そのものに内在するこれらの問題のほかに、「自然な発話（spontaneous speech）」をコンピュータで認識しようと考えると、また別の困難さが出てくる。私たちの発話はいつも流暢なものとは限らないからだ。

「んー、自然の、あの、こー、船、船っていうか、あのー、こー、音楽を聴きながらー。あの、ハワイの音楽を演奏しながらー」

こんなおしゃべりのように、思いがけないほど多くの言い淀みや言い直し、そして途切れ途切れになった発話断片がいくつか続くものになる。

この非流暢な発話においては、もはや「文法的な制約」を使って次に発するであろう単語を予測することはできない。何らかの網を張って待つためには相手の発話の癖そのものをもっと知らなければならないし、言い淀んだり言い直すような、私たちの発話生成のメカニズムを理解したうえでないと網を張れないのである。

そうした経緯もあって私の関心は、しだいに「非流暢な発話生成を行うメカニズム」のほうに移ってきた。これは今でもライフワークのような研究テーマの一つとなっている。私たちが「口ごもる」とはどういうことか、ということである。

こうしたことを「ああでもない、こうでもない」と考えていたころに、ちょうどＡＴＲへの異動の話が舞い込んできたわけだ。研究テーマが少し頭打ちになっているようなときには、異動の話は大きなチャンスでもある。最初は「気分転換のつもりで三年くらい」ということだったけれど、結果としてそこで十年以上もお世話になることになってしまった。

おしゃべりを研究しよう！

国からの研究資金で行われる研究も多いＡＴＲは、国立の研究機関に近い。しかし、研究者を流動させ研究プロジェクトの代謝をよくするという当初の制度設計もあってか、企業からも出資を募り、民営の「株式会社」の形態をとっていた。パーマネントの研究者をあまり置かずに、その時々の研究課題や研究プロジェクトに合わせて国内外から流動的に研究者をかき集め、五年から七年程度のプロジェクトの遂行の後に解散する。そして次の新しいプロジェクトに潔くバトンタッチしていく。そんな生き生きとした研究環境だった。

新しいプロジェクトの立ち上げ時期というのは、なにか清々しい。頭の中がいったんリセットされ、研究課題も、その課題にアプローチするときの制約条件も一新される。また、プロジェクトのスタート時にはそれほど性急に成果を求められないこともあって、少しだけのんびりした気分が味わえた。新しいこと、ちょっと変わったことを考えるには格好の機会なのである。

この「なにかおもしろそうな研究テーマはないかなあ」という雰囲気の中で、あの関西圏の人たちの「しゃべり」はいろいろな意味で刺激になった。まずは、そんな神業をどうしたらマスターできるのか。それは口下手な私に与えられた課題であると同時に、後述するが、当時のコンピュータサイエンスや対話理解の研究分野に突きつけられた課題でもあったのだ。

こうして私は「なにげないおしゃべり」、つまり雑談を研究テーマにしてみようと思うようになった。

委ねなければ、しゃべれない

自然なボケや間合い、そして絶妙とも思えるツッコミは、彼女たちの頭の中で事前に練られたものではないだろう。ましてや「台本」などが用意されているはずもない。ある意味で、身体が勝手に言葉を繰り出している。あるいは会話するもの同士の身体が赴くままに軽快なしゃべりを生み出している。

いわゆる“spontaneous speech”のspontaneous（自然な、自発的な）という言葉はこうした振る舞いを表現するためにあるのかもしれない。そこで生み出された「場」は、周囲の笑いをも引き出している。まさに話芸といってもいい巧みな技の世界なのである。

会話における相互のシンクロニー（同期）という現象を見出したウィリアム・コンドンは、かつて

「会話とはダンスのようなものだ」と形容したことがある。二つの身体が付かず離れず、寄り添いながら、ある「場」を作り上げる。他の人を寄せつけない一つの「世界」である。

次のステップを考えながらのダンスでは、ギクシャクとしてしまうことだろう。同様に、次の発話を考えながらでは雑談にはならない。相手のステップをなかば予期しつつも、無意識に次のステップを繰り出していくのと同じで、雑談の中で自分の発話の意味もそこそこにとりあえず繰り出し、相手にあずけてしまう。そういう意味での「いい加減さ、無責任さ」も必要なのだ。

この感じは関西という街の空気とも重なるのかもしれない。あまり重く考え込まないという、ほどほどの「いい加減さ」がある。そういえば大阪の街を歩いていても、人の軽快なしゃべりを耳にしても、なんとなく「エコロジカルな街だなあ」と思う（この「エコロジカル」という言葉の本当の意味は、本書の中でしだいに明らかになることと思うが、最近の「エコ」ブームのそれではなく、むしろ「街と一体になった」という感じに近い）。自分の言葉の意味さえも他者に委ねてしまうようなきっぷのよさと、それを巧みに切り返す技の小気味よさからくるものなのだ。

こうしたことを考えていると、毎日の電車での通勤は楽しいものとなった。今でも大阪と京都を結ぶ京阪線という電車に乗り込むと、不思議なもので、ちょっとホッとした気分になる。

2

雑談の雰囲気をコンピュータで作り出せないか

デモか死か

「雑談」研究をもう一押ししてくれたのは、ATRで毎年十一月はじめに行われていた「オープンハウス」というイベントだった。

現在では、さまざまな研究機関で「研究所公開」というものが行われている。情報発信戦略という意味で、ホームページや学会発表と並んで一つの要となる行事でもある。ATRでも年中行事の一つとしてオープンハウスを開催しており、当時は特に、研究者やスタッフの気合いの入れ方が違っていたように思う。

「デモか死か（Demo or Die!）」というフレーズは、マサチューセッツ工科大学（MIT）のメディアラボから生まれてきたという。

「理屈はいいから、とりあえず研究内容をデモンストレーションしてみせてよ！」

スポンサーでもある政府や企業の関係者に対してわかりやすいデモができないと、次の年からの研究資金を獲得できない。結果として、そのプロジェクトも研究所もなくなってしまう。まさに「デモか死か」の世界なのである。

一九九五年ごろのATRはバブル期の名残りもあってか、一般の人に「未来の生活（future scenario）を描いてみせる」という暗黙的な役割があった。

「電話の会話をリアルタイムに英語に翻訳してくれるような音声翻訳電話を作ろう」

「人間の認知機構を次代の情報技術に生かせないか」

「十年後二十年後の未来志向のメディアとはどんなものか」

目の前にある技術を堅実に積み上げていき、それを実用化に結びつけていく企業活動も大切だけれど、それと並行して、十年後二十年後の生活を描きながら、今どのような研究が必要なのかを議論していく。ブレークスルーを生み出すには、こうした雰囲気はとても大切なものなのだ。

「ダイナブック構想」という、今でいうノートブックの概念を生み出したアラン・ケイは、「未来を予測する最良な方法は、その未来を発明してしまうことだ（The best way to predict the future is to invent it.）」と言う。技術予測という思弁的な方法ではなく、実際にモノを動かしながら、その未来の生活を描いてみせるのだ。

「ぐずぐず考えているより、作ってしまうほうが早いんじゃないか」というノリで仕事をしていくうえでは、このオープンハウスという行事で行われるデモンストレーションは格好の機会でもあったし、私たちにとっては楽しみの一つでもあった。
十一月はじめに行われるオープンハウスに向けてどのようなデモをしようか。夏休みごろから気になりだし、風が少し冷たくなる初秋には焦り始めるという感じである。

おしゃべりする目玉

ATRのプロジェクトに参加した一九九五年の秋に、急遽、私たちの研究室でも「何かデモはできないだろうか」ということになった。「そんなこと急に言われてもなあ」と通勤途中の満員電車の中で思いあぐんでいたときに、背後から女性たちのなんとも楽しげなおしゃべりが聞こえてきたのである。

「それって、もしかしたら○○のことなん？」「うっそー」「やだー」……。

彼女たちの楽しげな会話に聞き耳をたてながら、「この雑談の雰囲気をコンピュータで作り出せないだろうか」という考えがふと浮かんできた。
たとえば、トウフのようなプルルンとした仮想的な生き物たち（「クリーチャ」という）がお互いに目を配りながら勝手におしゃべりを始める。自律性を持ったクリーチャたちが勝手にインタラク

トーキング・アイ（Talking Eye）

「球」の CG は、いつしか「目玉」へと進化し、そこにバネのような手と胴体がついた。仮想の世界の中でゆったりと揺れながら、いつまでも他愛もないおしゃべりを続ける。

「あのなぁ」「なんやなんや」「こんなん知っとる ?」「そやなぁ」——。

このトーキング･アイは、1995 年 11 月の ATR オープンハウス当日の朝に産声をあげた。

ションし合う。そこではどのようなおしゃべりが展開されるのだろうか、どのような話題へと展開していくのだろうか……。

すでに生み出されてしまった非流暢な発話や会話をコンピュータで解析するのは手強い問題だったけれど、むしろ「自律性をもったクリーチャによって会話の現象を生み出す」という方向に行けば、もう少しシンプルに問題を整理できるのではないのか。「その現象を後から分析するよりも、むしろ一緒に生み出しながら、その背後にある原理を探れないか」というわけである。

当初はトウフのようなプルルンとしたクリーチャが勝手におしゃべりする図を思い描いていたけれど、まだコンピュータグラフィックス（CG）に対する知識も浅く、トウフのプルルンとした感じがうまく出せない。もう少しシンプルに、ということで、スクリーンの中に「球」のCGを描いた。それはしだいに「目玉」に変わっていき、そこにバネのような手や胴体がついた。

大きなスクリーンの中に、「目玉」たちがぽっかりと浮かんでいる。バネの上でゆっくりと上下左右に揺れながら、のんびりと交互にしゃべっている。

「あのなぁ」「なんやなんや」「こんなん知っとる？」「そやなぁ」……

そんな他愛もないやりとりが際限なく続く。

ほとんど突貫工事のような雰囲気の中で、その「目玉」たちは、オープンハウスの当日の朝に何事もなかったように動き出した。「おしゃべりする目玉」ということで、それはいつの間にか「トーキング・アイ」と呼ばれるようになった。

トーキング・アイは、「目玉」そのものが彼女たちの「顔」を構成している。静止した状態にあっては無表情であり、子どもなのか大人なのかわからない。ところがひとたび動き出すと、その関わりの中からさまざまな表情を帯びてくる。彼女たちから聞こえてくる会話のボリュームを落とすと、二人の目がうなずき合って、愉しげにおしゃべりをしているようにも感じられる。「目は口ほどに物を言い」である。

何のためにおしゃべりをするのだろう？

オープンハウスという一つの「祭り」が終わると、ようやく頭の中は本来の研究モードに戻ってくる。オープンハウスでのデモンストレーションに間に合わせるために、ひょんなところから生まれてきたトーキング・アイ。少し丁寧につきあってみると、そこからいろいろな問いや研究テーマが生まれてきた。

たとえば、この仮想的な生物たちは何がうれしくて、何のために、やりとりを続けるのだろう。他者との関わりを駆動する「動因」はいったい何なのだろう。そこで妥当な説明原理が見出せないと、トーキング・アイを動作させるための具体的なプログラムとしてどう書くべきなのかが決まらない。

　こうした問いは、電車の中での彼女たちのなにげないおしゃべりに対する問いでもあるだろう。彼女たちは何が楽しくて他愛もない会話を続けるのか。電車に乗り込むたびに彼女たちの話に耳を傾けてみたが、どうもよくわからない。

　あとから気づいたことなのだけれど、この視点の置き方に問題があったようだ。そのおしゃべりに対する観察者の視点からは、「その会話は何のために、どんな目的でなされるのか」というように、やりとりされる発話の「意味」や「役割」を気にしてしまうのだ。しかし、一つひとつの発話の担う意味に着目すればするほど、よくわからなくなってくるのである。

　トーキング・アイでも、一つひとつの発話の意味を丹念に扱えば扱うほど、なぜか雑談らしさからは遠のいてしまう。何かを話しかける（Initiation）、それに応える（Reply）、その返答に対して何かしらのコメントを加える（Evaluation）。会話はそこで終わってしまう。これではなかなか雑談になってくれない。

　これは学校の教室などで、先生が生徒たちに発問するときの「I‐R‐E構造」としても知られている。お父さんが娘に対して、何かを話しかけようとすると、同様なパターンになっていることが多い。

「今日は学校でどんなことがあったの？」……Initiation

「べつに！」……Reply
「あぁ、そうなん」……Evaluation

レポートを求めるような詰問になっている。ラポート・トーク（rapport talk）ではなく、リポート・トーク（report talk）になっているのだ。

「あれ、それ、これ」の豊かな世界

雑談らしさとはどういうものか、その雰囲気はどのようにしたら生み出せるのか。トーキング・アイというクリーチャと格闘しながら、いくつかのことを試みた。

一つは、発話の中で明確な意味を担う〈実質語〉を抑えて、「あれどうなん？」「それいややわ」という〈指示語〉を多用するという試みである。意味内容が明確すぎると、その内容に引きずられすぎて、目的指向のキカイキカイしたやりとりに戻ってしまう。そこで、実質語を避けて可能な限り指示語に置き換えてみると、お互いの間で指示内容を共有し合っているような、ぼんやりとした意味空間が立ち上がってきたのである。

トーキング・アイの会話を傍から眺める私たちには、「それ」が指し示す対象は何も伝わってこないのだけれど、二つのトーキング・アイたちが何かを共有し合っていることは伝わってくる。つまり、お互いに伝え合っている内容はよく理解できないけれども、お互いはなんとなくつながっているという関係性はよく伝わってくるのである。

もう一つ、「〜やなぁ」「〜ってどうなん？」「しらんわ、そんなん」というような、発話内容に対する発話者のスタンスを示す表現（＝発話のモダリティ）だけを強調して、発話を連鎖させてみた。すると、その会話の内容や流れはあまりつかめないのだけれど、その話に対する二人の間での感情の動きが顕在化されてくる。

ボリュームをしぼってみると

もう一つ気づいたことがある。とても素朴なことなのだけれど、トーキング・アイの音量（ボリューム）をやや落としたほうが雑談の雰囲気を生み出しやすい、ということだった。

ところどころは聞こえない、ちょっと不明瞭なところがあって、何を言っているのかわからない。こうした状況では、コンピュータの前でクリーチャの「会話」を聞いている私たちのほうで、前後の雰囲気を手掛かりに、その内容を勝手に補ってしまう。あるいは、一つひとつの発話の意味が不明確であっても、お互いの発話の関わりの中で、相互の発話を意味づけたり価値づけたりする。そこからオリジナルな意味が立ち現れてくるのである。

実際、クリーチャたちは何かを一生懸命に伝えようというより、むしろそこに立ち現れるオリジナルな意味を楽しんでいるように見える。あるいはお互いの関係を確認し合っているようにも感じられる。

こうした状況は、電車の中から洩れ聞こえてくる会話の断片断片に対して、勝手に想像を膨らませて楽しむことにも近い。話し手に対する聞き手側の表情や仕草、切り返しのタイミングなど、そのなにげない関わりから、お互いの立場や気持ちが伝わってくる。当事者にとっても、そこでのオリジナルな意味の生成を楽しんだり、お互いの関係性やつながりを確認し合っているだけなのだろう。

「あっ、雑談というのは、それで十分なのかもしれない……」

音量を落とされたトーキング・アイたちの目の動きを眺めながら、そう思った。

アシモの衝撃

ちょうどそんなことを考えていたころだったろうか。一九九六年の暮れに、「ホンダが二足歩行ロボットの開発に成功した！」というニュース映像が飛び込んできた。

それはアシモ（ＡＳＩＭＯ）として洗練される前のＰ－２というプロトタイプの二足歩行ロボットの映像だった。「えっ、どうしてホンダがロボットを作るの？　何のために？」と思いつつも、私はそのロボットが颯爽と歩く姿にしばらく目を奪われた。

なかなか頭の中でうまく整理がつかないのだけれど、このワクワクした感覚はどこから来るものなのか。そのヒューマノイド型のロボットの歩く姿を見るだけで、なぜこんなにもドキドキするのか。それは、ここしばらく認知科学やコンピュータサイエンスの世界では感じることのないものだった。

その一方で、わがトーキング・アイはどうだろう。しばらく格闘してきたトーキング・アイは少しずつ洗練されて、ようやく雑談の雰囲気が出せるようになった。パソコンの画面や投影されたスクリーンの中では、それなりのリアリティを感じることができた。愛嬌のある、リズミカルな動きがかわいい。

しかし残念なことに、その存在感やリアリティは、いまひとつ物足りないのだ。

たとえばトーキング・アイたちがスクリーンの中で楽しげにおしゃべりをする、そこまではいい。ところがスクリーンの外にいる私たちに向かって「助けてー！」と叫んだとしても、その思いは私たちのところに届いてはこない。確かにその声は聞こえてくるけれども、その声を聞いて「どうしよう、助けなければ」という気持ちが引き出されるまでには至らない。トーキング・アイからの言葉は、まだ私たちを揺り動かすような力を伴ってはいないのである。

いったい何が欠けているのだろう。発話や音声の自然さなのか、目線の動きなのか、それともアシモにあるような「物理的な実体」なのか。トーキング・アイを目の前にして、もやもやっとした思いが膨らんできた。

第2章

アナログへの回帰、身体への回帰

20L

1 嵐の前の静けさ

トーキング・アイからの「助けてー！」は、どうしたら人を揺り動かすような力を備えるのか。その疑問に答える前に、しばらくコンピュータやロボットをめぐる当時の雰囲気について、少し回り道をしておこう。

やりつくした感じ

それは時代の空気感とでもいうのだろう。一九九〇年代の終わりごろになると、私を含めて研究者たちはなんとなく落ち着かない気持ちになった。バーチャルリアリティやネットワーク上の仮想世界、コンピュータグラフィックスなど、一九九〇年代に盛んに行われてきた技術開発も一段落したころである。

もてはやされた人工生命（artificial life）の研究なども、「そろそろやりつくすところまで来たかな」という感じがした。予定調和的で、私たちが想定した以上のところまでなかなか飛躍できないという閉塞感が少しずつ漂い始めていた。「次の展開がなかなか見えてこないなあ」といった、どこへ行く当てもない、少し混沌とした雰囲気である。

しかしこうした状況は、あとから振り返ってみると大きなターニングポイントになっていることがある。嵐の前の静けさなのである。

制約がないことの限界

バーチャルリアリティやコンピュータグラフィックス、そしてわがトーキング・アイ。そこに欠けていたものは、今から思えば「制約」ということだったのではないだろうか。

新たなメディアの研究開発では、画面の高精細さや表示スピードを、ヒトの感覚と競い合うような側面がある。ここしばらくの間にコンピュータも高性能になって、処理スピードや解像度の心配はなくなりつつあった。そうした制約のないところで、時間を越えて、空間を越えて、ネットワーク上に「仮想の世界」を作り上げるところまではよかったのだけれど、そこにはたとえば「重力」というものがなかった。

それと仮想の世界に描かれた地面には「固さ」がなかった。仮想世界に構築されたオブジェクト（たとえば、コンピュータグラフィックスで表現された人の手足など）は、放っておけば、その「地面」さえも容易に突き破ってしまうのだ。

あるいは、あらかじめモーションキャプチャしておいた人物の動きに関する膨大なデータを蓄えてコンピュータグラフィックスで生成すると、ゲームソフトなどにあるように、「足を蹴り上げる」ようなポーズは、確かにリアルな動きとして表現できる。けれど、目の前の相手を蹴り上げるときも、高層ビルの屋上でヘリを蹴り上げるのと同じ動きを繰り返していると、なぜか興醒めしてしまうのだ。

「いろいろと自由になったけれど、なにか空しい」という状況の中に、にわかに登場してきたのがアシモだった。

ようやくヨタヨタと歩き始めた幼児の姿を目で追いかけるかのように、みんなが固唾をのんで歩く姿を追いかける。少しでも倒れそうになるならば、思わず手を添えてしまいそうになる。このドキドキした感じは、コンピュータグラフィックスでは実現できないものだった。つまり、身体に対する重力の働き、それを支えている地面、そして足を動かすという行為が一緒になって「なにげない歩行」を作り出しているのである。

その意味で、物理的な制約のない高精細なコンピュータグラフィックスであれば何でも表現できるというのは一種の思い上がり、あるいは錯覚だった。「あっ、そうか。歩くというのは、ただ足を動かすだけじゃダメなのか」ということである。

自動販売機からのアリガトウ問題

それでは、トーキング・アイをコンピュータの中の仮想世界から実世界に引き出してきたらどうなるのだろう。コンピュータグラフィックスで作られたトーキング・アイを実体化し、私たちと同じ物理世界に置いたならどうか、ということである。しかし、そう簡単なことではなさそうだ。「自動販売機からのアリガトウ問題」とも呼べるような事態が、そこにはある。

一九八〇年代に音声合成用のＩＣチップがようやく実用化されたという背景もあって、カメラや電子レンジなどから妙な合成音声の聞こえてきた時代がある。街角にあった自動販売機からも「アリガトウ、ゴザイマシタ！」とやけに丁寧な挨拶が聞こえてきた。

それはそれで便利な世の中になったものだと思う。けれど冷静になって考えれば、その「アリガトウ」の合成音声は、私たちにお礼の言葉として届くことはない。機械仕掛けのものであり、メーカーや設計者に「アリガトウ、ゴザイマシタ」と言わされているにすぎない。「物理的な実体を備えていても、機械仕掛けではダメなのか」

ではホンダのアシモの振る舞いに私が感じてしまうドキドキ感は、いったいどこから生まれてきたものなのか？

2 とりあえず作ってみる

モノを作りながら考えてみよう！

トーキング・アイからの「助けてー！」に欠けているものは何か。これが本章の冒頭に掲げた問いである。おそらくそれは私たちがアシモの振る舞いに感じる何かなのだ。ただ、なぜそんなことを考える必要があるのかという「理由」を周囲に上手に説明できない。「コミュニケーションの基底に、なんとなく身体が……」と思いつつも、その「身体」とは何かを上手に説明できない。こういう場合、普通は書物をいろいろとかき集めて理論武装をするのだろうけれど、その方面に疎いからどこから手をつけていいのかわからない。メルロ＝ポンティの『行動の構造』『知覚の現象学』などを手に取ればわかるように、どこにポイントがあるのか、ページをめくってもさっぱり見えてこない。しばらく煮詰まってしまった。

そんなときには、例によって「とりあえず作ってみる！」。それは「することがないので、とにかく手を動かしてみる」、あるいは「言葉では上手に表現できそうもないので、とりあえずモノを作りながら考えてみよう」という感じに近いだろうか。

とはいえ、とりあえずロボットを作ってみるといっても、当時の研究所にそれほど潤沢な研究予算があったわけではない。「なんとなくそう思うから」という漠然とした理由では予算をつけてもらえない。それとロボットの制御技術に関する知識もほとんどなかった。学生のころに電子工学を学んではいたけれど、ロボットに関してはまったくの素人だったのである。

ただこれまでの拙い経験からいえば、お金のないときに生まれてくる工夫や突拍子もないアイディアはとても貴重である。その分野にまとわりつく常識に囚われない自由な発想ができるという意味で、素人感覚も捨てたものではない。やはり「迷ったときには、とりあえず一歩前に！」である。

ガラクタ同然の姿から

あるとき、実験室の中にたまたま設置してあった遠隔会議用のコミュニケーションカメラが目についた。今で言う、ちょっと大きめのウェブカメラである。カメラの向きを上下左右に動かすパン・チルト機能がついていて、パソコンからその動きをコントロールできるものだった。モーターの速度はそれほど俊敏なものではなかったけれど、「センサーとそれを動かすモーターとが連動しているなら、それだけでロボットになるのではないか」と思えた。このちょっとした閃《ひらめ》きがすべての出発点だった。

私は休日に東急ハンズなどを歩いてみた。すると、目に飛び込んでくる麻袋、スプリング、観葉植物用の鉢カバーなど、身の回りのなにげないモノたちがロボットの部品のように見えてくる。そこで購入したスプリングの上にコミュニケーションカメラを載せてみた。すると、コンピュータからカメラへの上下左右の動きの指示に合わせて、全体がプルルンと動いたのである。スプリングとカメラが両面テープで止められているだけのガラクタ同然の姿ではあったけれど、カメラというモノがクリーチャ、つまり仮想的な生き物に生まれ変わった瞬間だった。

普通に考えれば、画像処理を行おうとする人がカメラをプルルンと動かすことはないだろう。背景画像がぶれてしまうからだ。ロボットの制御技術を少しでもたしなむ人であれば、その動きを複数のモーターで巧みに駆使して、きちんと制御しようとする。プルルンというスプリングの振動にただ委ねたような動きは、「制御している」とは言わない。しかし、このプルルンとした動きを見出すことがなければ、ここでの仕事は次に続いていかなかったと今になって思う。

「モノを作ってみる」という作業は、数式を一つひとつ重ねながら、解を見つけていくようなプロセスにも近い。「何かあるぞ」と気づき、実際に手を動かして作ってみる。すると「これはいけるかもしれない」という実感がわき上がり、そこからもう少し具体的な課題が見えてくる。

ここで作られたクリーチャたちはロボットというよりガラクタにすぎなかったけれど、試行と発見、仮説と検証を繰り返すための大切な「思考の道具」となっていった。

役立たずロボティクス

こうした試行錯誤の中から二つのクリーチャが生まれてきた。

一つは、コミュニケーションカメラにちょっと不気味な手足をつけたものである。これらの手足の造形は、知人であった人形作家の方に手伝っていただいた。帽子をかぶり、公園のベンチに腰をおろしながら、二人の男女が新聞を読んでいる。新聞には穴があいていて、そこから外の様子をときどきうかがっている。そんな怪しい構図である。

コンピュータからの指示でクリーチャの本体でもあるカメラを動かすと、体全体が「プルルン」と動いた。この雰囲気がなかなかいい。何も役に立ちそうにないけれど、妙な存在感が生まれてきた。

カメラの上下左右の動きによって、今どこに姿勢や注意を向けようとしているのかといった、クリーチャの志向性のようなものを感じることができる。動画像処理とカメラの動きをプログラムによって連動させてみると、ヨタヨタしながら目の前のモノを追いかけたりする。

それと、このクリーチャたちは新聞紙や雑誌で顔が隠れている。そもそも頭部がない。帽子はピアノ線を利用して空中に浮かせているだけで、クリーチャ全体の動きから表情のようなものが生ま

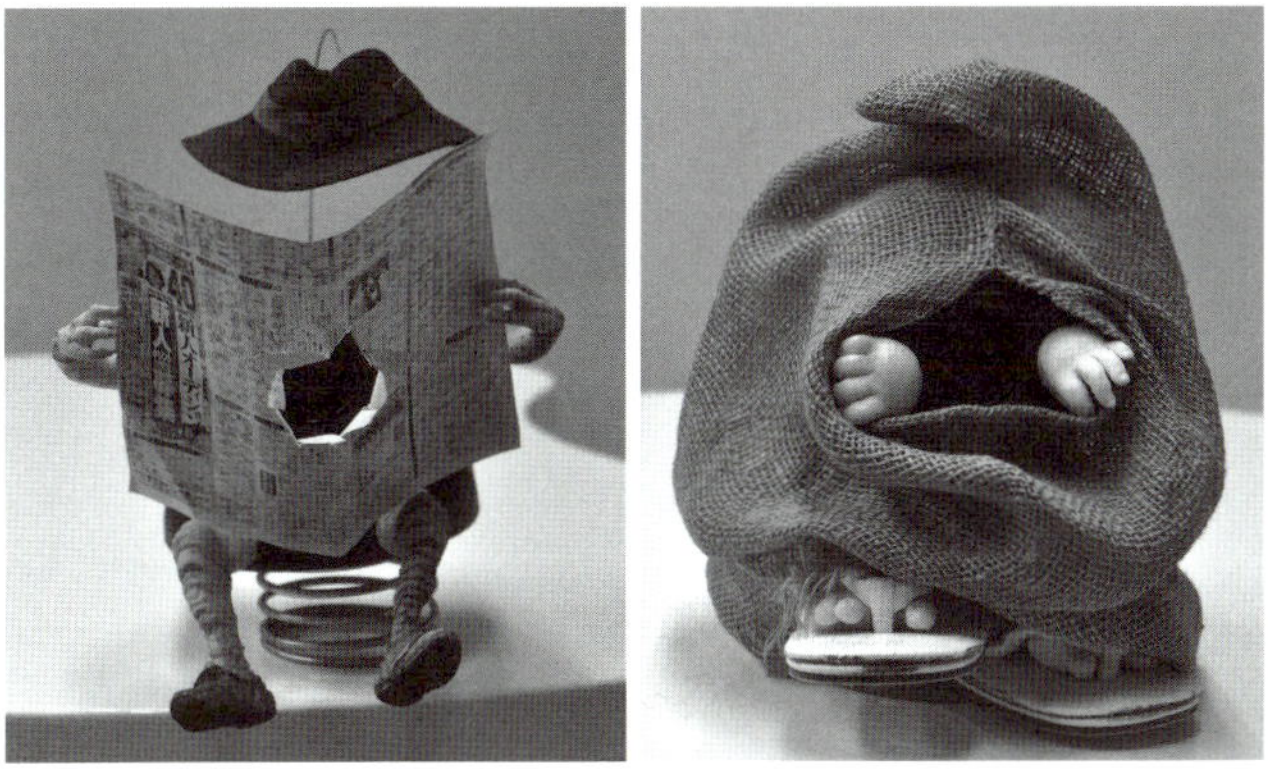

初期のクリーチャたち

テーブルの片隅で新聞を読みふけるお父さん風のクリーチャ（左）と麻袋から外の様子をうかがうようなそぶりのクリーチャ「コムソウ君」（右）。

東急ハンズでたまたま見つけたスプリングの上に、遠隔会議用に作られたコミュニケーションカメラが載せられている。カメラの上下左右の動きに合わせて、プルルンと動いた。それは、カメラというなにげないモノが仮想的な生き物（クリーチャ）に生まれ変わる瞬間だった。

れてきた。顔がないのに表情が立ち現れてくるのだ。「あっ、顔のない表情研究っておもしろそう！」というわけである。

とはいえ、ロボットと呼ぶにはおこがましいほど何の役に立ちそうもない。だから私たちはこれを「役立たずロボティクス」と呼んでいた（ここでいう「ロボティクス」とは、「ロボット学」のような研究分野名として使われている）。

ブキミでかわいい「コムソウ君」

同じ時期に生まれたもう一つのクリーチャは、さらに抽象的な姿をしている。「もっと怪しい感じでもおもしろいかも」という思いつきからである。

これも東急ハンズでたまたま見つけた麻袋をかぶり、ゴソゴソと動いている。よく見ると、麻袋の穴の中から子どもが小さな手を出して外の様子をうかがっている。こんなモチーフから「コムソウ君」と呼ばれるクリーチャが生まれてきた。

麻袋の穴からは、子どもの小さな手とカメラのレンズだけが見える。足もとには雪駄を履いた子どもの小さな足が出ている。雪駄は七五三などに使われる三歳児のもので、これも街中の呉服店でたまたま見つけたものだ。スプリングの上にコミュニケーションカメラが載っていて、「ヨタヨタしている」という基本的な構造は変わらない。

自分の姿を麻袋で隠しながら外の様子だけをうかがっている姿は、さしずめ安部公房の『箱男』を彷彿とさせる。当時はあまり気にしていなかったけれど、見ることと見られることの自他関係などを議論してもおもしろそうである。

もう一つ気づいたのは、「対」のおもしろさである。コムソウ君が単独でモゾモゾしていても、その意味はよくわからない。ところが二人（二つ）のコムソウ君たちが向かい合って、ときどき視線を向け合いながらモゾモゾと動いていると、どういうわけかそこに「ひとつの世界」が作り出される。

ヨタヨタしてプルルンとした動き。何者かわからない風貌。穴の中から視線を外に向け、歩き回ることもなく人の顔を追いかけている。そして複数のクリーチャによって表情を生み出す。

たまたま見出したこれらの特徴の多くは、その後に生まれてくる「む～」と呼ばれるクリーチャに引き継がれるものとなった。

3

もっとソーシャルに！

交換研究員としてオランダへ

「コミュニケーション研究にロボットが使えないだろうか」と漠然と思い始めていたころに、オランダのアイントホーフェン工科大学の中にあった研究機関（ＩＰＯ）に二か月ほど交換研究員として滞在する機会を得た。たまたまＩＰＯから来たアドリアン・ホーツマ先生にトーキング・アイを紹介したところ気に入ってくれ、ＩＰＯに交換研究員として誘っていただいたのである。

オランダでの生活しやすさは、そのときにホストになっていただいたホーツマ先生のホスピタリティに負うところが大きかった。何人かの研究者と話していても、とても親日的な感じがした。そして彼らにとっても外国語である英語は、純粋なネイティブよりも少し丁寧で聞き取りやすい。そんなこともあり、語学にあまり自信のない私でもそこで快適に過ごすことができた。

このオランダ滞在の合間を利用して、オランダにあったマックス・プランク心理言語学研究所や

ロルフ・ファイファー先生

チューリッヒ大学のロルフ・ファイファー（Rolf Pfeifer）先生は、『知の創成――身体性認知科学への招待』、『知能の原理――身体性に基づく構成論的アプローチ』（ともに共立出版）などの著書で、日本でもよく知られている。
1998年の春にチューリッヒ大学のAIラボを訪問し、その後に一緒にビールを飲んだときの写真。

ドイツ、スイス、ベルギーなどにあるロボット関連の研究機関を訪ね歩いてみた。その中には、「ロボットによる言語創発」に関する先駆的な仕事で知られているブリュッセル自由大学のルック・スティールズ先生の研究室、そして『知の創成』や『知能の原理』などの著書で日本でもよく知られているチューリッヒ大学のロルフ・ファイファー先生などの研究室もあった。

今から考えてみると、あの忙しい先生たちがよく応対してくれたものだと思う。チューリッヒの街の高台にあるファイファー先生の研究室でのロボットのデモンストレーションの見学もそそくさと切り上げ、近くのレストランでビールをご馳走になったりした。

一人ではじっとできないのだ!

こうした研究機関を訪ね歩く中で、ふと頭によぎったのは"Socializing cognitive robotics"(認知的なロボットの研究をソーシャライズする、つまりもっとヒトと関わる側面にシフトする)という短いフレーズだった。

伝統的なロボティクスの研究機関を訪問してみると圧倒される。やはり研究の蓄積やその歴史が違うのだ。彼らの研究を後追いしてもとても追いつけそうもなかったし、おもしろそうな研究テーマも残っているようには思えなかった。

そう思う反面で、そろそろ「床の上をコロコロと動き回るようなロボット」の時代ではないのではないかとも私は感じていた。私たちヒトとロボットとの関わりを考えたとき、障害物を避けながら勝手に動き回るよりも、テーブルの上でじっとしていてくれたほうがありがたい。むしろ「じっとしているロボットの研究があってもいいのではないか」と思った。

これは簡単なことのように思われるかもしれない。しかし「はじめから動かないこと」と、そこで「じっとしていること」とは違う。たとえば相手に近づこうとしても、それ以上に相手が離れていってしまっては「近づく」ことにならない。相手に近づくという極めて個人的な行為も、お互いの相互行為の結果として実現している。これから「近づきますよ」「あぁ、いいですよ」という気持ちをお互いが観察可能な形で表示し合い、その調整の結果として近づいたり離れたりする。その結果、「じっとしている」こともあるだろう。

会話の場面では、もう少し複雑なものとなるだろう。「今、あなたの話を聞いていますよ」という表示を行いつつ、相手とどの程度の距離を空ければいいのか、視線をどこに向けるべきかを探る。誰も乗り合わせていない電車の中だとどこに座るか右往左往してしまうように、自分の最適なポジションを見出すためには他者との調整やその支えを必要とする。その意味で、一人ではじっとしていることもできないのである。

そのようなわけで、私たちとロボットとの対面的な相互行為における基礎定位（positioning）の問題、私たちとロボットとの間にあるパーソナルスペースの調整、「あなたの話をちゃんと聞いていますよ」といった聞き手性（hearership）の表示、会話調整の問題など、〝じっとしているロボット〟の周辺での研究テーマがいろいろと拓けてきた。

これらを一言でくくれば、「ソーシャルなロボットの研究」ということである。私たちヒトとロボットとの関わり、そしてコミュニケーション。今ではＨＲＩ（Human-Robot Interaction）という研究分野が確立しつつあるのだけれど、この当時は、ヒトとロボットとの関わりを重視したようなソーシャルなロボットの研究は未開拓な領域だったのである。

「む～」というクリーチャ

そうした状況の中で「む～」という新たなクリーチャが生まれてきた。それまでの手作り感がありすぎるロボットから卒業し、もう少しデザインや素材、機構などを洗練させたものだ。「大きな目が顔の下半分にあって、頬が丸くて、ヨタヨタしている。そして体表が柔らかい」というのは、動物行動学者のコンラート・ローレンツの整理した「幼児図式」の一部である。ヒトも含めて動物の子どもがその養育者からの養育行動を引き出すために進化的に獲得した「かわいらしさ」なのだという。

コムソウ君の影響もあってか、新たに生まれてきた「む～」は偶然にも、このローレンツのいう幼児図式に沿った姿をしている。「目玉のような」「柔らかな」「幼児らしい」、そしてヨタヨタしている。さらに、何か話しかけるとプルルンと応えてくれる（ちなみに「む～」というネーミングは当時の同僚の発案で、中国語で「目」や「眼」のことを意味する「むー」に由来しているらしい）。

プルルンといっても、その素材の選定は難しい。赤ちゃんの柔らかな頬のような質感を実現できないかと、シリコン樹脂、ウレタンゴムなどいろいろと試行錯誤する中で、発泡ウレタンゴムという素材に落ち着いた。化粧に使うパフに似た質感で、肌触りがしっとりしている。

「む〜」(Muu)

最初の「む〜」は 1999 年の暮れに登場。「目玉のような」「柔らかな」「乳児らしい」「ヨタヨタしている」、これらの基本的なモチーフはトーキング・アイやコムソウ君などから受け継がれたもの。

じっとしているロボットがあってもいいのではないかという発想から生まれてきた「む〜」は、ソーシャルなロボット（social robot）の草分けの一つとなった。

このクリーチャを生み出すうえでは、京都でマネキンのデザインや造型を行っていたクリエータや職人の方々の手をいろいろと煩わせた。クレイモデル、つまり粘土と粘土ベラを使ってアナログな感覚から生み出された質感やユニークな形状は、コンピュータグラフィックスなどのディジタルな感覚では生み出せないものである。

ディジタルのグラフィックスの世界においては、曲線を描こうとして球や円などの幾何学的な形状や補完曲線などに簡単に手を出してしまうことが多い。すると、プラスチックのようなツルンとしたロボットになってしまう。情報家電などのプロダクトデザインとしては優れていても、私たちの追い求めている「仮想的な生き物」にはなってくれないのである。

口のような目、角《つの》のような尻尾、丸みを帯びた体形、そして発泡ウレタンゴムで作られた柔らかく弾力的な体表、ヨタヨタした動き。ATR＝国際電気通信基礎技術研究所という名の本来はお堅い研究所の中にあって「む〜」は少し浮いた存在であり、気恥ずかしさもあったけれど、徐々になじんでいくこととなった。

シーグラフでの技術展示でブレイク！

この研究所の中に居場所を見つけることになったきっかけの一つは、「シーグラフ（SIGGRAPH）」という国際会議での技術展示だった。

シーグラフでの「む〜」

2000 年の夏、アメリカのニューオリンズで開催されたシーグラフ。

コンピュータグラフィックスやバーチャルリアリティの世界ではもはや何でも表現できるのだけれど、何をしても驚かなくなってしまった。そんな感覚のマヒしたようなデジタルアートの世界にあって、素朴な、アナログな質感にこだわった「む〜」は、独特の存在感を醸し出していた。

「アナログへの回帰」「身体への回帰」という時代の空気にぴったりとハマったのである。

シーグラフは、もともとコンピュータグラフィックスやアニメーション、バーチャルリアリティなどに関する国際会議である。参加者が三万人を超える、この分野では最大級のイベントとして知られている。その中にエマージング・テクノロジーという技術展示のセッションがあり、未来志向のインタラクティブ技術を競い合う場になっていた。

コンピュータグラフィックスやバーチャルリアリティの技術を競う場にロボットはどうなのだろう、もしかしたら場違いじゃないだろうかと思いつつも、プロポーザルを書いたところ幸運にも採択された。その分野に対する素人感覚のようなものが幸いしたのだろうと思う。

その年の開催場所は、数年後にハリケーン・カトリーナで大変な被害を受けることになったアメリカのニューオリンズ。いろいろなハプニングもあったけれど、とりあえず「む〜」をニューオリンズの街で展示することができ、そこでの「む〜」に対する反響は私たちの想定を越えるものだった。コンピュータグラフィックスやバーチャルリアリティの技術の先には何が続いていくのかと多くの人が探し始め、「アナログへの回帰」「身体への回帰」という時代の空気をうすうす感じていたところに、「む〜」はぴったりとハマったのである。

いつもの演出なのだろうけれど、技術展示の会場は予想していた以上に暗かった。スポットライトに照らされると、研究所の蛍光灯の下で見ていた「む〜」とは違って、ちょっと見違えるようなオーラを放っていた。あらためて感じ入ったのは、京都のマネキン職人さんによってもたらされた

「む〜」のボディラインの美しさである。スポットライトに照らされると、その陰影の中で、クレイモデル上で粘土ベラを滑らせていたときのアナログな感じがより際立つことになった。

ピングー語はグローバル

「む〜」をシーグラフにお目見えさせるに際しては、音声認識をどうするかということという問題があった。日本語の音声認識エンジンのままでは海外では機能しないだろうと、英語の音声認識エンジンなども検討してみたが、スケジュール的に間に合いそうもないということで、クレイアートのアニメーションとして知られている「ピングー」の中で使われているような非分節音を用いることにした。乳幼児の喃語《なんご》のような抑揚だけから構成される音声である。

「む〜」に対して「こんにちは」と話しかけると、ヨタヨタしながら「む〜、む、む、む」というような反響的な模倣を返す。その仕組みはとてもシンプルであり、かつローテクなものだった。しかしこの偶然の判断は、結果としてうまく機能した。

シーグラフに集まる研究者や技術者、その家族、子どもたちと構成もさまざまだけれど、国際会議の舞台なので、アメリカからだけではなく、東南アジア、ヨーロッパ、南米とさまざまな国籍を持つ人たちが集まってきた。「む〜」に対して、「ハロー」だけではないのだ。

「オーラ、オーラ」と、「む〜」を前にして踊り始める陽気な人たち。「ニーハオ」「アンニョンハセヨ」と挨拶もさまざまである。そうしたさまざまな語りかけに対して、「む～」たちは健気にも「む～む～」と非分節音を返す。

それはちょうど養育者の語りかけに対して、乳幼児が「うんぐー」と喃語で応えるような風景だろうか。この非分節音を介したやりとりは、コミュニケーションとして原初的であり、なにか普遍性をもっていた。それに加え、ヨタヨタとした動き、あどけない視線の動きなどもマッチしていた。コンピュータグラフィックスではなく、そのまま手で「触れる」ことのできる存在感も大切な要素だったのだろう。

しかも当時のパソコンの処理スピードの制約もあったのだろう、「む～」に話しかけてもポンポンと小気味よく応答が返されるわけではない。少しだけ反応に遅延がある。それが逆に、何か考えごとをしているようであり、ちょっとだけ賢く見えたのだった。

「コミュニケーション研究に、ロボットが使えるのではないだろうか」と漠然と思っていたところに、いくつかの偶然が重なって「む～」を生み出すことができた。その理由を言葉にして説明することはまだできなかったけれど、「この直感はそれほど的外れなものではないのではないか……」という思いに至ったのである。

第3章

賭けと受け

1 「静歩行」から「動歩行」へ

作り込まれた機械を越えて

あらためて考えるまでもなく、ロボットというのは本来モノであり機械である。スイッチをオフにした状態では置き場所に困るようなガラクタに近いが、スイッチを入れたらどうだろう。たくさんのモーターにトルクが発生し、身体を起こす。キョロキョロと頭や顔を動かす。そしてしばらくは一連の動作を繰り返す。一瞬、生き物らしさが宿るのだが、しかし冷静になって考えれば、これもプログラム通りに動作している機械の姿にすぎない。

ロボットの各部位を動かすためのプログラムをさらに詳細に作り込んでみる。しかしそのことで生き物やヒトのようなものに近づいた感じはしない。それでもまだ「詳細に作り込まれた機械」にすぎないのだ。なのになぜアシモが歩く姿にドキドキさせられたのだろうか。前章ではその理由を、仮想の世界と比べたときの現実の世界の「制約」に求めたが、「自動販売機のアリガトウ問題」のハードルは越えられなかった。

ここでもう一度問いは戻る。同じ実世界にあって、アシモが目の前で颯爽と歩いているような気がしてくるのはなぜか。これまでの作り込まれた機械とアシモとを分けているものとは何か。

それは、少し倒れかかるようにして歩く、あの「歩行モード」にヒントがあるのではないかと思われた。

ヒトはバランスを崩しながら歩く

ホンダの二足歩行ロボットであるアシモの開発でターニングポイントになったのは、「静歩行」モードから「動歩行」モードへのシフトである。

これまでの「静歩行」モードでは、重心は常に足底の範囲に保持された状態での歩行になっている。感覚的にいえば、薄氷のはった池の上を歩く感じに近いだろうか。片方の足に重心を置きつつも、恐る恐るもう一方の足を前に進めながら、慎重に身体の重心を移動させていく。氷が割れないことを確認しつつ重心をもう片方の足底に移していくのである。ロボットの歩行に対する私たちのイメージは、こうしたぎこちない歩き方であった。

一方、アシモやそのプロトタイプの一つであるP-2で実現した「動歩行」モードでは、自らその静的なバランスを崩すようにして倒れ込む。しかし倒れ込みながら踏み出した足が地面からの反力を受け、それを利用して動的なバランスを維持しているのである。この一歩を踏み出すとき、重心の位置は足底の範囲から前に少しだけはみ出してしまう。自分の身体を地面に投げ出している感じだろう。

身体と地面の間には、この「委ねる／支える」という絶妙ともいえる連携プレーがある。「私たちは地面の上を歩いている」と考えやすいけれども、同時に、「地面が私たちを歩かせている」ともいえるのだ。もう少し丁寧に考えるならば、なにげない一歩とそれを支える地面とが一緒になって、いわゆる「歩行」という一連の行為を組織しているということなのだ。

「他に委ねなければ歩けない」という不思議

私たちはなにげない一歩を踏み出すときに、その一歩の意味をあらためて考えることはない。どうなってしまうかわからないけれど（たぶん、その地面がしっかりと支えてくれるだろうとの期待の下で）自分の身体を地面に委ねてみる。その結果として、しっかりと支えてもらった、期待を裏切られなかったという安堵感を得ている。

この「どうなってしまうかわからないけれど……」という感覚はおもしろい。自分の行為なのだけれど最後までは自分で責任をもてない。その意味で、地面に自分の身体を委ねようとするとき、そこには小さな〝賭け〟がある。実は、これがあのドキドキを生み出していた正体の一部ではないだろうか。

コンピュータや機械などを上手にコントロールしようとすると、こうした発想はなかなか生まれにくい。自分以外のものに制御の一部を委ねれば、それだけ不確定な要因が増えてしまうからだ。「そんなことではちゃんとした振る舞いは生み出せない」とはじめから考えてしまう。

投機的な振る舞いとグラウンディング

自分の身体から繰り出す発話や行為なのに、その意味や役割を自分の中で完結した形で与えられない。私たちの身体に内在するこうした性質を、ここでは「行為の意味の不定さ（indeterminacy）」と呼んでみたい。

私たちはこの「不定さ」を自覚しつつ、その意味や価値をいったんは環境に委ねる。こうした振る舞いが「なにげない行為」となって現れるのではないのか。無意識に、あるいは自発的（spontaneous）に繰り出される私たちの行為の多くは、この「委ねる／支える」といった二つの振る舞いがいつもぴったりとくっついているようなのである。

思い切って何かに自分の行為を委ねてしまおうという無謀ともいえる身体の振る舞いを、「投機的な振る舞い（entrusting behavior）」と呼ぶことにしよう。一方、そうした投機的な行為を支え、その意味や価値を与える役割を「グラウンディング（grounding）」と呼ぶことにしたい。

この二つの関係は、はじめはギクシャクしながらも、しだいになじんでくる。ついにはどちらがどちらを支えているのかわからなくなってしまう。こうした連係プレーには、ある種の小気味よさがある［★1］。

街の看板が私たちを歩かせている

認知科学などでは、その対象について議論するとき、私たちのパースペクティブ、つまり視点や視座をどこに置くのかということを大切にしている。同じ対象に対して、どの位置や立場から眺めるのかで、その「見え」や解釈は全く違ったものとなるからである。

「私たちは地面の上を歩くと同時に、地面が私たちを歩かせている」――ちょっと意外だけれども、このように「私」を主語の座から降ろしてみると、なにげなく街を歩いていても、人と言葉を交わしていても、新鮮な気分になる。

★1　この「委ねる／支える」という二つの関係について海外で紹介しようとしたとき、「投機的な振る舞い」に、“entrusting behavior”という単語を当てはめてみた。「委ねる」に対して“entrust”なのだけれど、同時に、なにげない一歩と地面とが一つの信頼（trust）関係を醸成していく（en-trust）といったニュアンスを含んでいておもしろい。
また、「グラウンディング（grounding）」というタームは、計算言語学や対話理解の文脈でも、対話者間のやりとりの中で共有知識を確定していく「基盤化」という意味で使われている。本書の中では、「投機的な振る舞い」を「支える」ことで一緒に「一つのシステム」を作り上げるような、もう少し広い意味で使うことにする。

たとえば、出張からの帰りにたまたま電車を乗り換えるために降り立った駅の構内で、お弁当を買うとする。アテがあるわけではないのだけれど、とりあえず一歩を踏み出している。するとキヨスクの看板がたまたま自分の視野の中に入ってくる。その方向に歩いていくと、いつものお弁当を見つけることができ、ほっとしながらそれを買う。

ここで大切なのは、とりあえず歩き出してみることだ。なにげなく繰り出した一歩に伴う「見え」(視覚)の変化から、次の行為をナビゲートする情報がピックアップされる。その情報に導かれるかのように、次の一歩がまた繰り出され、その一歩は次の行動をナビゲートする情報をピックアップすることを繰り返す。

私たちの行動の多くは、こうした投機的な振る舞いとそれに伴う知覚の変化(つまり、なにげない行為に対するグラウンディング)の繰り返しの結果ともいえるだろう。

街の看板、歩道の配置、そして地面。それらは私たちの歩くという行為が向かう対象であると同時に、私たちの「歩く」という行為を制約しつつ方向づけている。あるいは、街の風景や地面と私たちの行為が「一つのシステム」を作りながら、一緒に「なにげなく散歩する」という行為を形作る。そういう偶然の出会いに委ねたような、気楽な街歩きはとても楽しい。

意味はあとからやってくる

今度はもう少し自分の手元に視線を移してみたい。ノートの端に落書きをするような場面ではどうか。

退屈な授業を聞きながら、思わず配布された資料の片隅に小さな落書きをしていると、なにげなく走らせた鉛筆の動きから、意外なカタチや意味が生まれてくることがある。たまたま最初に描かれた線が、次に描く線を制約し、方向づけているともいえる。あるいは逆に、なにげなく繰り出した投機的な振る舞いを、その中から立ち現れた絵の意味があとからグラウンディングしている、ということもあるかもしれない。そうしたときには、自分でその絵を描いているのか、その絵に描かされているのかわからないような不思議な気分になる。

そもそも絵を描くことは、描き手の一方的な自己表現とは限らない。「絵を泳がせてみる」「筆を遊ばせてみる」という言葉があるように、ちょっと失敗かなぁと思いつつも、ひょいと伸ばした手の先にあった絵の具の色が起点となって新たなイメージが生み出されていく。そうした偶然と一緒になって、オリジナルな意味や価値が生み出されていくことが多いのではないか。

手先の動きとそれによって描かれる絵や筆とが「一つのシステム」を作り、そこで生み出されたオリジナルな意味に対して、「頭の中」での解釈があとから追いかける。垣間見えるのは、そんな図式である。

2

言い直し、言い淀みはなぜ生じるのか

あのー、こー、ハワイへ

「とりあえず一歩を踏み出し、それを地面がしっかりと支える」という投機的な振る舞いとグラウンディングとの拮抗した関係は、私たちの発話にも当てはまる。自然な発話の非流暢性について思いめぐらしていたころからは多少時間が経ってしまったのだけれど、「地面が私たちを歩かせている」という新たなパースペクティブを得て、私はそう思うようになった。

で、あの、そこって何があるってわけじゃないんだけど、ほんと。んー、自然の、あの、こー、船、船っていうか、あのー、こー、音楽を聴きながらー。あの、ハワイの音楽を演奏しながらー、こー、船みたいので、そのー、島、あの、小さな島まで行くわけね。

知り合いの女性が楽しかった旅行先での思い出を語って聞かせてくれた。そのときの話をテキストに書き起こしたものである。

「そこに何があるわけではない。でも、船のようなもので、ハワイの音楽を聴きながら、その小さな島に行くんですよ」ということなのだろう。

普段、私たちは自分の言い淀みや言い直しを意識することもないし、他の人の言い直しをあまり気にすることもない。ごく自然な発話として聞いている。しかしどうだろう、こうしてあらためて書き起こしてみると、言い直しや言い淀みの多さに驚かされる。

不思議なもので、その音声の録音をもう一度聞き直しても特に不自然さを感じることはない。彼女が伝えたかったことも十分に伝わってくる。しかし音声合成のソフトウェアを使って、「ソコハナニガアルワケデハナイ。フネデ、ハワイノオンガクヲキキナガラ……」と多少整った言葉を発話させてみると、ぶっきらぼうな感じがして、その女性の気持ちはなかなか伝わってこないのだ。

それは「エラー」なのか？

言い誤りや言い淀みは、私たちの「心の中」「頭の中」に抱いていた意図やプランからたまたま外れてしまい、それに気づいてあわてて軌道修正を図るという文脈でこれまでは理解されてきた。認知科学者のドナルド・ノーマンなどは、意図やプランからたまたま乖離してしまった行為の遂行のことを「スリップ（slip）」と呼んでいる。日本語では「錯誤」と訳されることが多い。トイレに行こうとしていたのに、なぜかお風呂場で衣服を脱ぎ始めていたとか、そうした意図と行為の「乖離」を指しているのである。

心理言語学の分野では、「スピーチ・エラー（speech error）」といった言葉で説明されてきた。スピーチ・エラーは「心の中を覗き見るための大切な窓」とされ、こうした現象を手掛かりに発話産出のメカニズムが議論されてきた経緯がある。その議論の多くは、「心の中を覗き見る」という表現にあらわれているように、発話の非流暢性を生み出す要因を「心の中」、つまり発話者の内側の機構に一方的に帰属させている。

柱、黒い、黒い柱が、おっきい太い黒い柱が……ぬっと出ている。

これも先ほどの発話の一部である。その旅先で利用したレストランの中にあった「大きな太い黒い柱」のことを思い出しながら、雰囲気を伝えようとしているのだろう。わずかにつまずきながら、前のめりになって発話している感じである。もう少し丁寧に見てみよう。

まず、「おっきい太い黒い柱」という具体的なイメージや発話が喚起される前に、「柱」という発話をとりあえず繰り出している。これは先に「投機的な振る舞い」と呼んだものだ。その発話に支えられるようにして、「黒い」というイメージが引き出され、もう一度「黒い柱が」と整えられる。

この「黒い柱が」という発話は、さらに「おっきい太い黒い柱」という具体的な想起を促し、次の発話を引き出している。

「どうなってしまうかわからないけれど、とりあえず何かを話してみよう」と投機的に繰り出された発話は、結果として新たな想起を引き出し、次の発話をナビゲートしていく。この拮抗した関係がリアリティを伴う、オリジナルな意味を生み出しているのである。

そもそも言い直すことを前提に話している

「なにげなく一歩を踏み出す⬇それを地面が支える⬇結果として歩行という行為を組織していく」という動歩行モードの図式は、このように想起や発話のプロセスにも当てはまりそうなのだ。

しかし、そもそもなぜこのような回りくどいことをしているのか。なぜ意図や想起内容を整えてから、きちんとした言葉で話そうとしないのか。どうして慌てたように言葉を繰り出してしまうのか。

この疑問は、私たちの歩行はなぜ「静歩行」ではなく、「動歩行」というモードを選択しているのか、という問いと重なるだろう。

「どうなってしまうかわからないけれど」という感覚にヒントがあるのではないかと私は思う。そもそも、発話を繰り出すときに話すべきことはまだ定まっていないから、自分の中に閉じていたのでは何を話すべきかを整理できない。そこでとりあえずは自分の発話や想起をいったんは系の外に委ねてみる、という方略の転換があるのだ。

その意味で私たちの身体は、自己完結した「閉じたシステム」というより、むしろ外に開いた「オープンなシステム」、あるいは個体の中に閉じていては完結できないような「不完結なシステム」なのかもしれない。

先ほどの「柱、黒い、黒い柱が、おっきい太い黒い柱が……ぬっと出ている」の例でも、慌てたように繰り出してしまった言い誤りをそのたびに修復していると捉えるよりも、そもそも「不完結なシステム」なのだという立場に立つと、もう少しすっきりしてくる。つまり、はじめから言い直すことを前提に繰り出されたのだ、そこで言い誤ることを恐れる必要は何もないのだ、と。

そう考えれば、なにげない発話を「思考の道具」にして、その内容をより精緻なものに育てていけばいい。英語などの不慣れな言葉を繰り出すときの緊張だって、少しはほぐれてこないだろうか。

3

行為者の内なる視点から

当事者だけが知っている

「コミュニケーションの基底になんとなく身体が……」という思いの中で、その身体の輪郭をアシモの動歩行モードを手掛かりに考えてきた。ここで、そもそも「身体」とはどういうものなのかを考えてみたい。

私たちが身体について考えるとき、無意識に「観察者からの視点」をとっているように思う。そばにいる人を眺めてみると、そこには手足や胴体があり、顔があって、目と鼻と眉がついている。そういう物理的な実体が身体であるとするならば、その究極の姿はヒューマノイドロボットやアンドロイドロボットと呼ばれるものだろう。

しかし私には、モノである機械がその容姿をヒトに近づけただけでは、身体を伴うヒトになるとはとても思えないのだ。「観察者の視点」からみた身体ではなくて、むしろ私たちの「内なる視点」

からみた身体とはどのようなものなのか、可能ならばそうした身体を形にしてみたい、とぼんやりと思っていた。

そんなとき、発達心理学者である浜田寿美男の「私たちの身体は外から容易に観察できることから、その身体は個として完結したような先入感を持たれやすい」という言葉に出会った。ＡＴＲで開催したシンポジウムのときに、浜田先生の口から直接に伺ったように記憶している。「なるほどそうか。やはり行為者の内なる視点にパースペクティブを移すべきなのだ」と思った。

私たちは地面の上を歩いていると同時に、地面が私たちを歩かせている。しかし後者の「地面が私たちを歩かせている」という側面は、その歩行の様子を外から眺める観察者の視点からは見落とされやすい。歩いている人が地面からどのような反力を受けているかは、なにげなく一歩を繰り出してみるという行為の内側ではじめて知覚されるものであり、それは行為当事者だけがその切り結びの瞬間に知り得るものなのだ。

理屈っぽい人ほどクルマの教習で苦労する

私たちが身体の存在をあらためて意識するのは、「思うように速く走れない」など、なにか自分に「もどかしさ」を感じるときだろう。これは、たとえばクルマの運転を覚え始めたころに、縦列駐車の練習で感じたような「もどかしさ」である。

理屈っぽい人ほど、クルマの教習時に苦労するという。ハンドルを動かす前に、そのハンドルを動かすことの意味を頭の中で一つひとつ考え込んでしまうからだ。あらかじめ自分の中で納得せずには、アクセルを踏む気になれないのだろう。

「え〜と、このハンドルを右に回すと、まず車の前輪は右に傾くだろう。そのまま車をバックさせると、この車の前方は、左に傾くから……、もっと車を左によせるためには。あれ？」

これでは、クルマの運転は上達しそうにない。

ところが教習所を卒業するころになると、頭の中で一つひとつの行為の意味を考えることが少なくなる。とりあえずバックミラーを眺めながらなにげなくハンドルを回してみる、アクセルをわずかに踏み込んでみる。これは先に述べた「投機的な振る舞い」である。その行為の意味をいったんは自分を取り囲む環境にあずけ、クルマの動きに呼応した外界の「見え」の変化に、自分のクルマをナビゲートしてもらうのだ。

クルマの運転を覚えるコツとは、私たちの頭の中でハンドルを左右に動かすことの意味を考えるのではなく、むしろこの情報に素直に従うことなのだろう。こうしたコツを見出す過程で、はじめにあった「もどかしさ」はしだいに薄らいでいき、クルマはしだいに自分の身体の一部になっていく。

見えない自分を見る方法

しかし、なぜ私たちの身体は行為の意味を外界に委ね、その結果として周囲からナビゲートしてもらうような、回りくどいことをするのだろうか。なぜそのクルマを自分で直接に動かそうとしないのか。

こうしたことを考えているとき、ジェームス・ギブソンの本の中にあった、ある一枚の絵がヒントを与えてくれた。それは「マッハの絵」と呼ばれているものである。

今、テーブルを囲みながら椅子に腰をおろしているとしよう。そこから何が見えるか。

天井にある蛍光灯、床。奥には部屋の壁、窓。その窓から見える外の様子。手前に視線を移してみるとテーブルがあり、そこに置かれたパソコンのディスプレー、キーボード、マウス。キーボードをたたく自分の手や腕、指の動きも見える。足もとに目をやると、自分の足や胴体などの身体の一部も見えてくる。

ところがこの視野の中には、見えないものがいくつかある。たとえば自分の背中。もう一つは自分の顔である。

自分の身体なのだけれど、自分では自分の顔は見えない。眼鏡のふちの一部は見えても、自分の

J.J.Gibson, *The Ecological Approach to Visual Perception*,
Houghton Mifflin（1979），p.113 より

マッハの絵

行為者の「内なる視点」からは何が見えるのだろうか。天井、窓、壁、床、そして自分の足や腕の一部が見える。しかし、自分の顔は見えない。ところが自分の頭を動かしてみると、その動きに合わせた環境の「見え」の変化から、自分は今この世界で何をしようとしている存在なのか、そういう自分のことがふと立ち現れてくるのだ。

ロボットの「内なる視点」からは、私たちの世界、そしてロボット自身がどのように見えているのだろう。

目の動きは自分では見ることはできない。当たり前といえば当たり前なのだけれど、とても興味深い。

今度は自分の頭を左右に振ってみる。相変わらず自分の顔は見えない。しかし、頭を左右に動かすたびに、自分はどこに顔を向けていて何をしようとしているのか、自分自身のことについてすっと見えてくるような気がする。その「見え」の変化に合わせて、逆に自分自身の存在が立ち現れてくるのである。

認知心理学者のアーリック・ナイサーは、この自己認識の感覚を「生態学的な自己（ecological self）」と呼んでいる。つまり、自分では自分の顔そのものを見ることはできないけれど、自分の行為に伴う周りの景色の変化によって、逆に自分自身のことが浮かび上がってくるというのだ。

椅子から立ち上がってみる、そしてまた椅子に腰をおろしてみる。窓の外に見える景色も一緒に移動することだろう。この外界の見えの変化によって、自分の立ち位置や自分の動き、つまり立った状態なのか腰をおろした状態なのか、そのような自分を特定する情報をピックアップできる。決して、自分の中に閉じた形で、自分の立ち位置を見出しているわけではない。

むしろ、「自分の顔なのに自分では見ることができない」というある種の「制約」の下で、「なにげなく動く」という自分の行為を繰り出しながら、その動きに呼応した外界の見えの変化から、自分自身のことを探っているようなのだ［★2］。

4 おしゃべりの「謎」に挑む

「あのね」「なあに」

「あのね」「なあに」。「こんどね」「うん」。「学校でね」「……」。

娘からの語りかけに、新聞を読みながらの生返事。ときどき相づちなどを怠ると、「お父さん、耳ないの？」ときつい言葉が飛んでくる。「ねぇ、ちゃんと返事をしてよ！」と。

語りかけに対して何も応答もないのは、娘にとってはとても不愉快なことらしい。「心の中ではちゃんと返事をしていたはずなんだけどなあ」と思いつつも、そんな言い訳は通らない。

★2　たとえば、脳性まひの自らの身体を当事者研究した『リハビリの夜』（医学書院）の著者、熊谷晋一郎は、ひとり暮らしをして便器と「格闘」したり、電動車椅子で「歩き回る」ようになってから、はじめて自分の身体像を獲得したという。

パースペクティブを子どもの「内なる視点」に移しながら考えてみると、娘は投機的に繰り出した一歩に対する大地からの支えのようなものを期待していたのだろうと思う。一方的な語りかけは意味をなさない。その語りかけに意味や役割を与えているのは、相手のなにげない応答なり反応なのだ。

廊下などで向こうから近づいてくる知り合いに挨拶をしようとするとき、ちょっとだけ迷う。その相手は気づいてくれるだろうか、ちゃんと挨拶を返してくれるだろうか。日々の挨拶も、ある意味で〝賭け〟である。このときに、相手が何事もなかったように通り過ぎてしまうならば、私の「おはよう」の言葉の意味は宙に浮いてしまう。

ちょっと立ち話をしようにも、その相手が「聞き手」になってくれなければ、こちらは「話し手」にはなれない。私たちが話し手であるのは、相手が聞き手になってくれていることに支えられているのだ。

つまり相手の反応があるまでは、当初の行為の意味は「不定」なのである。こうしたいくつもの「不定さ」を抱えながら、どうなってしまうかわからないけれど、(少しドキドキしながら) 相手に投げかけてみる。それに対して、相手からのなにげない応答や「あなたの話をちゃんと聞いていますよ」という視線が返ってくる。その視線は、なにげない一歩を地面が支えるように発話に意味を与えるとともに、「話し手」としての役割をも同時に与えているのである。

しりとりは何がすごいか

ここでは娘から叱られたお父さん（私ですが）の例を挙げたが、応答の内容やタイミングによって、娘からの語りかけの意味や役割はいくらでも変わる。一方的に委ねる、それを支えてもらうという二つの関係を越えて、むしろ一緒にその発話の意味や価値そのものを作り上げていることもある。その例として、次に「しりとり遊び」を考えてみたい。

「ねぇ、しりとりしよ！」

電車の中で退屈した子どもがしりとり遊びをせがむ。

「えっとー、リストラ！」……「らっ、らくだ」……「だ、だ、だんご」……

子どもとのしりとり遊びは気持ちに余裕がないと楽しめない。少し投げやりになって繰り出された「リストラ！」という言葉。一瞬は宙をさまようけれども、子どもからの「らっ、らくだ！」という応答を得て、その役割や意味はとりあえず完結する。

ここで「らっ、らくだ」という子どもからの応答は、先の「リストラ！」という発話をゲームの「手（move）」として認めつつ、その意味を支えるというグラウンディングの役割を備えている。しかしそれだけでは終わらない。「らっ、らくだ！」という発話は、相手の発話を支えるのと同時に、一つの「手」として、「らくだに続く言葉は何？」といった次の課題を投げかける。これは、他者からの支えを予定しての投機的な振る舞いになっている。

ひとつの発話は、先行して繰り出された相手の発話を支えるというグラウンディングの役割と、相手からの支えを予定しつつ言葉を投げかけるという役割の二つを同時に備えている。この発話に備わる双方向の機能によって、「相手を支えつつ、同時に相手に支えられるべき関係」を形作る。こうして、しりとり遊びはいつまでも継続されることになる。

これはトーキング・アイを使って生成を試みてきた、他愛もない雑談にも当てはまるようだ。不定なまま繰り出されたなにげない発話は、相手からの応答を得て、意味や価値を与えられる。その相手からの応答は、先の発話を支えると同時に、こちらからの支えを予定して繰り出されたものだ。

他者とのつながりを求めて不定なまま発話を繰り出すのか、それとも、私たちの発話や行為は本源的に不定さを伴うものだから他者とつながろうとするのかはわからない。しかしいずれにせよ、相手からの応答責任を上手に引き出しながら、その「場」を一緒に生み出す。何かを相手に伝えるというより、「今、ここ」を共有する。他愛もないおしゃべりには、そういう側面もある。

ボケとツッコミは？

関西の地で暮らし始めたとき、「ボケ」と「ツッコミ」の巧妙さに驚かされた。日々のおしゃべりの中で無意識に引き出される笑いを誘発する要因は何だろうか。一つは、その会話の場を「崩す」動きと、それを「戻す」動きの存在である。

ヤスシ君のなにげない「おはようさん」という挨拶に対して、キヨシ君の「おう」という返事がタイミングよく返れば、その会話の「場」はとりあえず維持される。日々の挨拶ではそれで十分だ。ところがこうした素直すぎる関係では満足できない人たちもいる。

ヤスシ君「おはようさん」
キヨシ君「……」
ヤスシ君「お前、さびしいなぁ、しかし」

ヤスシ君の期待を外すかのように、キヨシ君は「無言」でのボケを返す。と、すかさずヤスシ君の、少しにやけた顔での「お前、さびしいなぁ、しかし」というツッコミが入る。なにげないやりとりなのだが、お互いの共犯関係が入れ子になって活躍する。

「無言で挨拶を返す」というボケは、何らかのツッコミを期待した投機的な行為であろう。ヤスシ君のツッコミがあって、それがボケとしての意味を与えられる。キヨシ君のボケを支えるために、ヤスシ君はキヨシ君にとっての大切な共犯者なのだ。また、「おはようさん」という挨拶は、キヨシ君の素直な応答を予定しての投機的な行為だろう。こうした投機的な行為がなければ会話の「場」も成立しないし、その「場」を崩すことによって成立する「無言」のボケも成り立たないということになる。

口げんか、口論だって

子どもたちの軽い口げんかや、夫婦のちょっと重たそうな口論はどうだろうか。

「あほ!」「まぬけ」「そっちこそ!」「お前やないか」

お互いは言い争いつつも、その間ではちゃんと一つの「場」を支え合っている。相手が何かを言い返してくれることをなかば期待しつつ、次々に言葉を投げつけ合うのだ。お互いの関係を断ち切らないギリギリのところでの攻防が続く。

ちょっと怖いのは、口論の果ての長い沈黙だろうか。お互いに黙ったままの夫婦、それも一週間ほどの沈黙……。奥さんの沈黙的な行動に対して、沈黙で返す。何かの拍子に普通の言葉が口に出かかるのを必死に抑えながら、その攻防は続く。

こうした沈黙し合った関係も一つの共同性の表れだろう。お互いの間は、まだちゃんとつながっているのだ（きっと）。

ピングーはなぜ会話ができるのか

しりとり遊び、掛け合いの漫才風の会話、口論のような冷たいやりとりと「難易度」は上がってきたが、こうした中にあって、「ピングーの世界」には脱帽してしまう。

ピングー（PINGU）は架空のペンギンの家族や友だちとの生活を描いたクレイアートによるアニメーションである。この想像上のペンギンたちは、いわゆるピングー語を駆使して会話をする。「ブーブー」「ピーピー」といった喃語《なんご》のような非分節音だけで会話が成り立ってしまうのだ。

アニメーションを見ている子どもたちは、その世界にすっかり入り込んでいる。子どもたちにとっては共通語なのだろう。ピングー同士のやりとりに、なんらかの普遍性が潜んでいるように思われる。

「ピーピー」という発話を一つひとつ切り取って聞いても意味はよくわからないが、それをピングーたちのアニメーションの中に置いてみると、意味が自然に立ち現れてくる。

「ピーピー」という発話は、その相方であるピンガの驚いたような表情によって意味が与えられる。一方でピンガの驚いたような表情は、それに先行するピングーの「ピーピー」という発話によって、意味づけられる。お互いの発話や表情を相互に構成し合っている。そうした関係が原初的な会話の場を成り立たせているのだ。

これは電車の中での女子中高生の他愛もないおしゃべり、その発話の断片を耳にするときに感じる心地よさにもよく似ている。電車の中の雑音によって一つひとつの発話の意味がかき消されてしまうと、私たちの関心はなにげない発話に対するグラウンディングの行く末に移る。そうして、ほどよい「賭けと受け」の拮抗したカップリングに安心感を覚える。私たちは「何を伝えようとしているのか」ではなく、お互いは「どのように、つながっているのか」にそもそも関心があるのだ。

ケータイでの会話はなぜ煩いのか

しかし電車の中で耳にする携帯電話での会話になると、少しばかり事情が異なってくる。「電車の中でケータイの使用はご遠慮ください。優先座席の近くでは、ケータイのスイッチをお切りください」

最近では、電車の中でケータイでの会話はめっきり少なくなったように思う。メールで済んでしまうということもあるのだろう。

「もしもし、もしもし」「……」

「はい、はい」「……」

「えー、そうです。はいはい」「……」
「それでですね、えーと」「……」

こんな声が電車の中で延々と続く。よくわからない会話にいつまでも引き込まれてしまって、耳から離れない。

そもそもどうしてケータイでの会話は煩《うるさ》く感じるのだろう。その周りにいる人を落ち着かない気分にさせるのはなぜなのだろう。いくつかの要因がありそうだ。

一つは、公共の空間であったはずの電車の中に、ケータイでの会話によってプライベートな空間が生まれてしまうことだ。電車の中で化粧をする女性の周りで、おじさんたちがソワソワした気持ちになるように、周囲の人に「儀礼的な無関心」（E・ゴフマン）を強いてしまう。「聞き耳を立ててはいけないから、聞かなかったことにしておこう」と無視をするにも、それなりのエネルギー（認知的な負荷）を必要とする。

もう一つ、ケータイの片側だけの声は、いつも「不定さ」を伴っているためだろう。片側の発話の意味が不定なままで、いつまでも閉じていかない。耳に届いた声は誰からもグラウンドされることなく、いつまでも宙をさまよってしまうことになる。

私たちは意味の真空状態を嫌う。意味の空白に対して、思わず補ってしまう。つまり、ただの傍観者であった周囲の人たちに、応答責任なり共犯性までも喚起させてしまうのだ。

「あのさぁ、今度ね……」という発話に対して、周りにいる人たちは自分に向けられた発話ではないことを確認せずにはいられない。「へえー、うそ！」「そうそうそう」、こうした発話のたびに、周囲の人はなんとなく落ち着かない気分を味わうことになる。これは単に声が大きいといった「煩さ」とは異質の、傍らにいる者の思考をも止めてしまうような「煩さ」なのである。

「いらっしゃいませ、こんにちは」

「おはようございます」「あっ、おはよう」

煩雑な調整を伴う「挨拶」は、なにかと面倒だ。この忙しさの中で、そんなところに気を使いたくはない。形式的な挨拶は省略したほうがスマートで機能的なのではないか。目をほんの少し交わすだけの挨拶でもいいのではないか。それさえもうっとうしいならば、視線を外して通り過ぎればいいのではないのか。

そんな発想から街の中や大学のキャンパスから挨拶する言葉が消えていくとしたら、それはそれで寂しいが、こうした慌ただしい時代に合わせるかのように、人はいつの間にか新たなコミュニケーションのスタイルを作り出してしまう。

もう数年も前のことになるだろう、コンビニのドアを開けて入ろうとしたら「いらっしゃいませ、こんにちは！」という店員さんの元気な挨拶に驚いたことがある。それはきっと接客マニュアルに書かれているものなのだろう。はじめのころはちょっと奇妙な挨拶だなぁと感じたけれど、いつの間にかそれほど気にならなくなった。そのイントネーションが微妙に変化しているせいかもしれない（あるいは、この「いらっしゃいませ、こんにちは！」も、すでに淘汰されつつあるのかもしれない）。

よくよく考えてみると、この「いらっしゃいませ、こんにちは！」はお客さんに対して投機的になされる「いらっしゃいませ」という語りかけと、それに対する「あっ、こんにちは」というグラウンディングがセットになったものだ。つまり「賭けと受け」とがセットになって自己完結している。そんな見方はできないか。

コンビニの店員さんが無口な学生さんに向かって言う。

「こんにちは！」「……（無言）」
「いらっしゃいませ！」「……（無言）」

これでは、その店内に寂しい空気を作り出してしまう。人からせっかく挨拶をされても、何も応えようとしない怪しい人物が店の中を不気味に動き回っていることになってしまう。あるいは挨拶を無視してしまったことに後味の悪さを感じながら、店内をトボトボと歩いているような気分である。その点で、

「いらっしゃいませ、こんにちは！」「……（無言）」

はとても具合がいいのだ。

やや形式的な挨拶によって、お互いは見知らぬ人、それほど親しくない者であることを表示し合う。そのことでコンビニの店員さんと、ときどき訪れるお客さんとの距離感を微妙に調整している。どこまで意識しているのかはわからないけれど、これも配慮の一つなのかもしれない。

5 「地面」と「他者」はどこが違うのか

応答責任があるかどうか

なにげない一歩を支え、一緒に歩行という行為を作り上げる「地面」という存在。そして、なにげない語りかけをグラウンドしつつ、一緒にその発話の意味を支え合う「他者」という存在。こうして並べてみると両者は、行為を受け止めるという面では共通しつつも、どこかが違うようにも思われる。

違いの一つは、足を踏み出すなり、語りかけるなりの投機的な行為が、相手の「応答責任」を引き出すかどうかだろう。さらには、その応答責任によって危うくも支えられる拮抗した関係性なのかどうかである。

「地面」は、私たちのなにげない一歩を支えるための責任のようなものを感じることはない。ただそこでじっとしているだけだ。一方で「他者」は、私たちの期待に対して、ある応答責任を伴って支えてくれる。人間すなわちソーシャルな存在とは、そういう特異な存在なのではないだろうか。

本章の冒頭で、「ロボットというのは本来モノであり機械である」と述べた。しかし同時に、生き物らしさやソーシャルな存在をも志向していて、その境界がどこにあるかはわかりにくい。その境界を、「応答責任を伴う」ものかどうかで区別してみてはどうだろう。

あなたの言葉は私を必要としているか

知人からの「おはよう」という挨拶を無視して通り過ぎるのは容易なことではない。その語りかけに対して、思わず応答責任を感じてしまう。

語りかけに対して私たちが無意識に応答責任を感じてしまうのはなぜだろうか。その発話が「誰かの支えを予定しつつ繰り出されたこと」を自分の身体を介して知っているためである。つまり、同じ「不定さ」を備えているという点で、他者の身体が私の身体から共同性を引き出している。こうした拮抗した関係性が一つの「場」を生み出している。

では、ロボットたちが「オハヨウ」と言いつつ、こちらに近づいてきたらどうか。その挨拶に対して、私たちはまだ応答責任を感じることはないのではないかと思う。自動販売機からの「アリガトウ」になんらお礼の気持ちを感じないのと同じである。

なぜ応答責任を感じないのかといえば、その発話が「私たちを本当には必要としていないから」

ではないだろうか。

それらの発話はあらかじめ作り込まれたものであり、系の中に閉じている、あるいは自己完結している。だからその発話は、私たちを必要とするものでも、私たちの存在を予定したものでもないのだ。

そういう意味でこれまでのロボットや自動販売機は、彼らの自身の身体に備わる「不定さ」をまだ自覚できずにいる。ロボットとソーシャルな存在である人との間にある垣根はこのようにまだまだ高いのだが、そこを越えるためのヒントはいくつか見えてきたように思う。第４章では、そのことを考えていきたい。

長時間にわたる写真撮影で具合の悪くなった「i-Bones（アイ・ボーンズ）」の介抱をする岡田先生。

interview

「とりあえずの一歩」を踏み出すために

聞き手＝編集部

「こんなんかな〜」
「どういうこと〜」
「いや、ええなあ」
「それから？」

岡田　こういう他愛もない発話を選ぶのがけっこう大変なんです。

――この声は？

岡田　「キャラクターボイス」というのですが、普通の女性の声を一・一倍か一・二倍くらいにピッチを上げているんですね。関わりの中からオリジナルな意味が出てくるように、最初はあまり意味のない言葉にしています。

――登場人物は……人物じゃないけど（笑）、三人ですね。

岡田　三つというのは、いま考えるとすごく大事なアイディアになってるんですね。十数年前にATRにいたときは、上司にずいぶん叱られたんですよ。「なんで三つなの？一対一で会話すればいいじゃないか」って。

——いやぁ三つのほうがいいですね。

岡田 そう、三つじゃなきゃ駄目なんですよ。あとから「参加メタファーによるインタフェース」だとか「多人数会話への参加にもとづくインタフェース」とかいろんな理由をつけているんだけど、当時からこれはすごくおもしろいなあと思っていて。

——単純に、聞いていて苦しくないですね。

岡田 一対一だと、一方からの発話に対してもう一方が応答責任を感じて、その会話の場を維持しなきゃいけない窮屈さがあるんです。パソコンで外から会話に参加するときも同じなんですよ。

▼女性がモニター画面を見ながら

「みんな、仲良さそうだね。いつも仲いいの？」

「そう」「ふん」

「(笑) 私も仲良くしたいから、一緒にお話ししていい？」

「なんもないねん」

「なんもないの？」

「なんもないねん」

「みんな関西弁しゃべってんだね」

「ごっつええやんか」

「私のこと？」

「そう」

画面上でトーキング・アイと話す

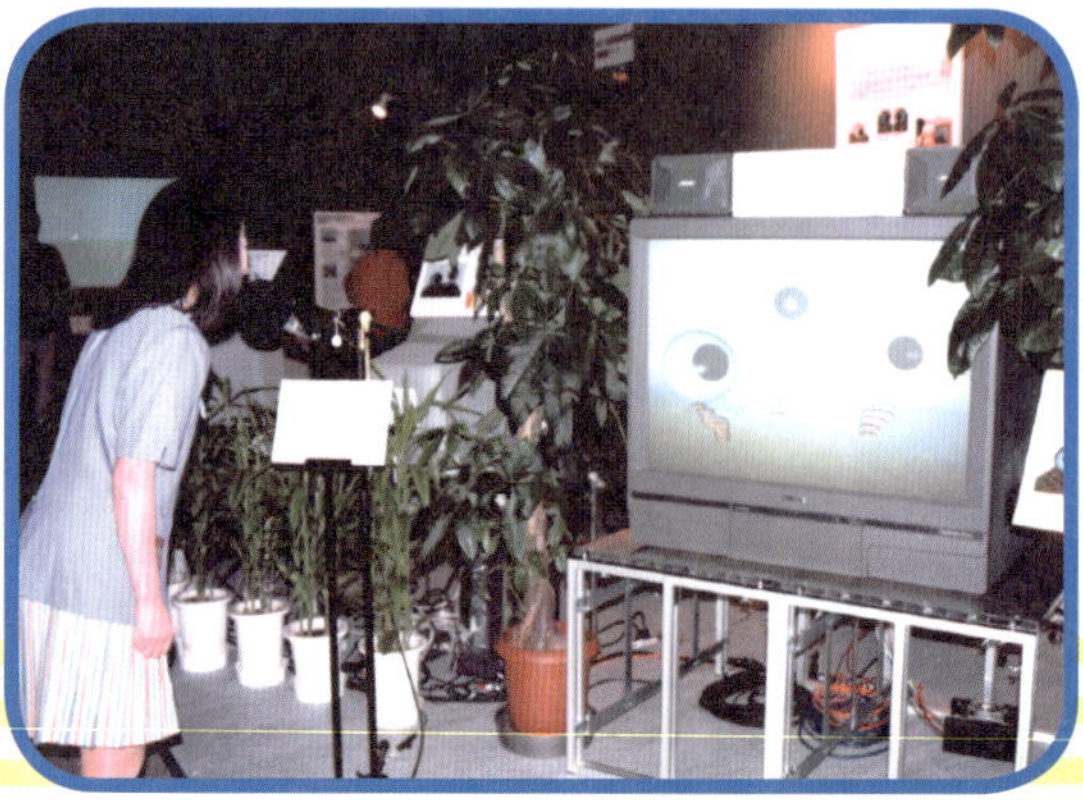

「みんなもかわいいよ」
「うるさいな〜」

――盛り上がってますね。

岡田 相手が三つとか複数だと、こちらが参加したいときだけ参加できるっていう自由度があるんですね。

――場の維持まではやらなくていい。

岡田 関わりたいときだけ関わって、関わりたくないときはちょっと引けばいい。普通は、ロボットに語りかけて二割ぐらい音声認識の誤りがあると会話が壊れちゃうんですよ。「こんにちは」って言っても、聞き取れないとロボットは黙り込んでしまう。でも三つくらいあると、会話が壊れそうになっても常に誰かがフォローしてくれるから会話が維持できるという良さがあるんです。

▼別の男性がモニターを見ながら

「さあさあ、今日はピクニック行こか」
「それええやん」
「え〜、○▲」
「それで□●△×」
「河原でバーベキューでもええで」
「△×□●○▲××〜」

岡田　このあたりからはもうピングーの声になってるんですよね。こちらの語りかけに対して、トーキング・アイがピングーの声で応答しても全然気にならない。

——あの人形のピングー？　ああ本当ですね。何言ってるのかわからないや（笑）。

「何食いたい？」
「▲××〜」
「ふーん、ハンバーガーか〜」

——あはは、こちらが勝手に意味を読み取ってますね。

岡田　トーキング・アイはただ反響模倣してるだけなんですよ。

——反響模倣？

岡田　「こんにちは」とこちらがしゃべったものを同じ音調で「ビビビビ」って返してるだけなんです。けれども、あんまり機械的にやってしまうとおうむ返しになって作り込まれた感じがしてまうんですよ。それで二割ぐらいランダム要素を入れると、ロボットの側が僕らに志向を向けながら調整してくれてるような「主体性」を感じるんですね。

——なるほど。可愛くなってきますね。

岡田　要は隠すことによって積極的な意味づけを引き出している。

——意味がわからなくなることによって、逆に積極的に会話中に入りこんでしまうんですね。

岡田　それは母親と幼児の関係と非常に近いと思いますね。

ロボット研究においては長らく二足歩行が課題だったが、一九九六年にホンダのアシモが軽やかに歩いてみせて衝撃を与えた。ターニングポイントになったのが、「静歩行」から「動歩行」へのシフトだったという。静歩行とは、重心を常に足底の範囲に保持しながらの歩行であり、重心を確認しながら他方の足をそろそろと前に進める。一方、動歩行では、いったんバランスを崩して倒れ込みながらも、踏み出したその足が大地からの抗力を受けて再びバランスを回復する。

すなわち、歩行は身体の中に完結せず、身体と大地の関係においてはじめて成立する行為なのだ。大地から受ける力は、人体の歩行系の中に閉じていては知り得ない。歩くためにはとりあえずの一歩を踏み出さなければならない。それは会話でも同じである。

——雑談ができるロボットというのもお作りになったそうですね。

岡田　ええ。

——なぜ雑談なんてものに関心を？

岡田　それは難しいなぁ（笑）。あの、なんていうかな、アメリカのスタンフォード大などを中心に計算言語学の流れをくむ対話の理論があったんです。まず会話の内容を計画

立案して、次にそれを言葉に乗せて、そして相手を説得したり相手の心的状態を推論するっていう理論です。でも実際にそういう会話をコンピュータでつくっても、なんかつまんないんですね。リアリティがないっていうか。

たまたま僕はそのころ、東京にあるNTTの研究所から関西のATRっていう研究所に移ったんです。そこで「ボケ・ツッコミ」の会話に衝撃を受けたんですね。対話の場をちょっと崩す、するとそこにツッコんで戻す。それを当たり前のようにやっているあの会話の軽快さ。今までの計画を立案して言葉に乗せて……と説明するような対話のモデルとはまったく違うんですね。

女子中高生が電車の中でなにげなく楽しそうにやってる会話、あるいは大阪のおばちゃんの軽快な発話。あれはどういうものなんだろうなっていう興味です。ああいう会話をコンピュータでつくることができたらいいなあって思ったわけなんです。

そこで追求していたのは、「なにげない」っていうことなんですよね。でも、「なにげない」っていうことを一生懸命コンピュータにつくらせようとしても、どうしてもできないんですよ。

——難しい？

岡田　意味が完結していないようななにげないものを相手に委ねると、相手がそれに対して答えてくれる。それによって、そもそもの発話の意味が少しずつ固まってきて、そのやりとりのなかで自分の言いたかったことを少しずつ深めていけたり、他人との間隔をうまく調節できたりする。それが雑談なんですね。自分の発話の意味でさえも不定なまま相手に委ねて、相手からそれを受け止められながら自分の言いたかったことがわかっていくっていうスタイルです。

——ボケ・ツッコミっていうのは、ボケだけでもツッコミだけでも成立しないですね。ボケが「ここに来てね」っていうサインを出したら、ツッコミがそこを埋めにくる、みたいに二人で一つっていう感じですよね。

岡田　そして、頭で計算しながらボケたりツッコんだりするんじゃなくて、体が勝手に応えてる感じなんです。ステップを踏みながらダンスを楽しんでるような。計算ずくでないそういうことは、計画立案的なモデルとかで説明するよりは、身体の持っているコーディネーションのメカニズムとかで説明したほうがよさそうだぞってATRに移ったときに思いました。

それだけじゃなくて、京都には「コミュニケーションの自然誌」の研究グループがあって、彼らの多くはコードモデル、つまり自分の言いたいことをきちんと言葉に変換（エンコード）して、それを受けた相手は解釈（デコード）するというような発想でコミュニケーションを捉えることが嫌いなんですね。一般的には、そういうエンコードとデコードの能力こそが会話の能力だということになってしまっていますが。

——精神科にSSTってあるんです。ソーシャルスキル・トレーニングといって、「おはようございます」とか「趣味はなんですか」とかっていう言い方をきちんとできるように病院の中で練習をしてから退院する。つまり、個人の中で「コミュ

ニケーション能力」というものが形成できたら退院できて、その能力を使えば社会でもコミュニケーションができるようになる、というモデルです。

岡田　個体能力主義的ですね。

――ただ、たとえば「べてるの家」というところで行っているSSTはちょっと違うんですね。自分のできないことを皆の前で開示して、その練習をしますってまず言うんですよ。「自分が精神病であるということをお父さんに言う練習をします」っていうように。でも、たとえ練習であってもそばにお父さん役がいると怖くなってしゃべれなくなっちゃうんです。それでも一生懸命言うわけですよ。で、まあ、そこで拍手とか涙とかが自然に出ちゃうんですね。それは本当に感動的です。

岡田　なるほど。

――でもそれは別に、「その人にコミュニケーション能力がついた」ということではないと思うんです。ただ、できないことをみんなの前に開示して一生懸命練習するその彼を支え、そこから意味を見出そうとするあたたかい空間があることは確かです。そういう空間にこそソーシャルスキルというものが成立していて、そんな環境をみんなでつくるトレーニングこそをソーシャルスキル・トレーニングというんだなって思ったわけなんですけどね。

岡田　最初にお見せしたトーキング・アイをつくっていてわかったんですが、会話が「雑談っぽい」ときは、他者に委ねている部分がとても多い。雑談は相手と一緒につくっていくんですよ。その当事者たちにとってのオリジナルな意味を一生懸命その場その場でつくっていく。あらかじめ用意されたものじゃなくて、その場の中で事後的に生まれて

きたような意味です。べてるの家というのはそういうことを志向している空間なのかなと思いました。

——そうかもしれません。

岡田　はじめに伝えたいことがあってそれを伝達するんじゃなくて、そういう「やりとりすることそのものに意味がある」ような会話をいろいろと探してたら、僕の場合はピングーに思い当たったわけです。ピングー語だけで会話できたらおもしろいねって。

岡田先生はラジオ少年だったそうだ。道端に捨てられているようなラジオを分解して真空管を集めたり……。典型的な理系少年がロボット学者になったということだろう。

しかし岡田先生と話していると、言語学や文化人類学の学者と相対しているような印象がある。引き算のロボット、関係論的なロボット、というのもあまり理系的ではないような気がする。その「研究史」を聞いてみた。

岡田　真空管のヒーターを灯《とも》すとわくわくするんですよね。電源スイッチを入れると真空管がポーッと灯ってラジオが聞こえてくる。そのゾクゾク感。それでとにかく電子工学とか電気回路を勉強したくて、電子工学の大学に入った。真空管からトランジスタなんかに使う半導体の量子物理って分野があるんですが、大学一、二年生のころは量子力学みたいなものでご飯食べたいなと思っていた。それでトランジスタの原理とかいろいろ大学で勉強してたんだけど、研究室入るときにジャンケンでちょっと負けて。

――ジャンケンで……（笑）。

岡田　たまたま入ったところが、音声を研究してる研究室だった。最初は音声波形の信号処理から始まって。音声波形をうまく分析すると、音声の特徴がいろいろ出てくるわけですよね。おもしろくて、その先生の出身の大学院に行って研究を続けました。

一言でいうと、コンピュータの処理速度が高くなるにつれて、扱う単位を広げてきたんです。最初は音声波形のちょっとした信号処理でした。それが母音の認識とか、単語の認識とかになった。それからフレーズ、センテンス。こうしてだんだん言語処理になって、日本語の文法的な構造と音声のレベルをどう結びつけるかって話になっていった。だからドクターのころはけっこう日本語学を勉強してたんです。そしてさらにコミュニケーションとか対話という話に広がってきた。

――音声波形から会話へと、小さい単位から一つずつ広がっていったんですね。

岡田　計算言語学っていう分野があるんです。「今この人はこういうことを考えているだろうから、その心的状態をこの状態からこの状態に移行させるためには、私はこういうプランニングでこういうような発話をすると、この人はこの状態からこの状態に移行するんじゃないか」という対話理解の話ですね。

ＮＴＴの研究所に入ったころにそういうことをやっていたんですが、計算がものすごく重くて。処理も重かったし、考え方自体もすごく重厚長大です。相手の言葉を推定するために一生懸命こちらでプランニングしながら、いろいろなことを想定して、相手の言葉を予測するんだけど、かなり重かったんですね。

そんなとき、発話産出やジェスチャーを研究してるディビッド・マクニールっていう人の「マクニール・パラダイム」の研究会がたまたまあって、そこで佐々木正人先生（現在東京大学大学院教授・生態心理学）たちに出会ったわけです。そこでは「情報処理モジュールが頭の中にいくつも並んでるような形態じゃないよね」という類の話をしていた。「あ、なるほどそういうことを考えてる人がいるんだ」ってね。それでアフォーダンスの考え方を対話だとかコミュニケーションとかに展開しようと思ったわけです。具体的には「口ごもるコンピュータ」とか「聞き耳を立てるコンピュータ」っていうようなことを考えていました。

やっぱり僕はずっと音声認識畑にいたんで、相手の音声を理解するコンピュータをつくらなくちゃいけないっていうミッションでやっていたんです。そうすると、相手の言いよどんだり言い直したりという「非流暢的な発話」をどうコンピュータが扱うかっていうのが最大の問題なんですね。

――コンピュータではそれがノイズとしか認識されないっていうことですか？

岡田　コンピュータのほうは文法的に正しいセンテンスとかしか待てないものだから、僕らが考えながら話している言葉を処理するのって難しいんですね。結局コンピュータ側でも、自分でも口ごもりながらしゃべるような系を持ってないと、相手の非流暢な言

葉を理解できない。それで、コンピュータが非流暢な発話をするにはどんなシステムが必要なのかと考えたわけです。

言葉は、僕らの身体（行為主体）と環境とのせめぎ合いの中でつくられている現象なんです。行為主体だけから一方的に考えるのはおかしい。「きちんとした正しい言葉を、きちんと発声できる能力を持つべきだ」と僕たちはつい思ってしまうけれども、実は言葉って環境と交渉しながらつくり上げられているんですよね。そういうプロセスがおもしろくて、変な道を漂い始めてしまった（笑）。

岡田先生は現在、高齢者施設や発達障害児の施設などにも行くことがあるという。コミュニケーションに関わるロボット学者からは、ケアの現場はどう見えるのか。

――高齢者施設などにもロボットを持っていくとお聞きしたのですが、それは「む〜」ですか？

岡田　ええ、そうです。高齢者施設に行くと、すごくコミュニケーションを欲してると感じますね。周りにいるケアしてくれる人たちは、介護はしてくれるけど話し相手になるまでの余裕はないから、おばあちゃんたちは「む〜」と関わるときは、けっこう目の色を変えてくれる。「む〜」の前に積み木をかざしてその色を聞くと、「む〜」が一生懸命考えながら「あか」とか間違って答えたりしてくれるだけで喜んでくれる。

でもね、そういう認知症のおばあちゃんがロボットと関わるっていう姿は、やっぱり不自然ですね。僕はやりたくないんですよ。そういうのはちょっと避けたいな。自分の親が「む～」と熱心に話している姿を見たくないというか……。

――ある種の残酷性が出てきますもんね。

岡田 うん、残酷。それよりむしろロボットを一つの媒介にして、おばあちゃん同士のコミュニケーションを活性化するというような感じにしたいですね。なんというかな、人と人とをつなぐ媒介。

それは孫の存在に近いんですよ。たとえばちょっと冷たい嫁姑の関係の中に現れたお孫さんが、家の中の関係を再構築するのと同じような感じですね。デイサービスなんかでは今までつきあったことのないお年寄りが集まるわけです。じーっとしてごはん食べてるだけの、すごく静かな空間になる。そのとき「む～」に語りかけたり遊びながら、結果としてお年寄り同士がもう少し近い関係になってくれるといいなと。

――関係ないんですけど、犬ってまさにそういう存在ですよね。家族みんなが犬に向かって「今日は寒いね～」とか「お父さん、イヤよね」とか言ってる。みんな犬に向かって話してるんだけど、そのお陰で家族内でコミュニケーションが成立している。

岡田 絵本という媒介物があってはじめて、母親と子どもとの間でつながりが生まれたりするのと同じです。つまり「む～」と関わっている場そのものが、人と人とをつなぐような場に変わる。そういうことをやりたいですね。

——精神障害者の施設などでも使えそうですね。

岡田　これはあくまでも印象ですが、彼らはなんとなく「まあいいか」というところで終わることができないっていうか、いい加減にできない人たちなのかなって思います。健康な人は、「どうなってしまうかわからないんだけれども、とりあえず一歩前に踏み出そう」という、身体の持ってる不定さから行為を繰り出せる。そのときには「環境に委ねる」っていう思い切った行為が必要なんですね。僕らは何気なくやって、環境との間で信頼関係をつくっていくんだけど、そこを委ねることができない。その一歩が踏み出せないという人はやっぱりいるんだろうなって思います。

——逆に、もう失敗はできないと追いつめられた人たちと言えるかもしれない。

岡田　外国語教育なんかにもそんなことがありますね。本当にきれいな発音を繰り返し練習しないと通じないと思い込まされている。

——じゃあ私たちが英語教育を受けてるのと、統合失調症の人が退院のためにコミュニケーション能力向上の訓練をさせられているのは同じですね。「これができなきゃ外国行けないよ」って言われてる。でも、行ったら案外通じたってことですね。

岡田　そう。最初に繰り出す投機的な行為（エントラスティング entrusting）さえあれば、それを受け止める行為（グラウンディング grounding）がおのずと出てくる。そういう感覚が持てるかどうかが大事なんです。そもそも僕らは、言い直すことを前提に発話を作り上げているんですよ。それが当たり前のはずなのに、最初からきれいな構造のものをつくり出すようなトレーニングを強制されている。ちょっと間違えると叱られるから、頭の中で一生懸命考えて、プロットをつくってからしゃべり出すようなトレーニングです。でも、そうなったら誰でもしゃべれないですよね。

「やり直しすることが前提で言葉は作り出されている」という閃《ひらめ》きがあると、いろいろな意味で楽だと思うんですよ。コミュニケーションにしても英語学習にしても。要するに個体能力主義とかデカルト的な話だと、頭の中で一生懸命作り出すことだけが言語活動だって捉えちゃうんだけど、実は相手の表情を見ながら少しずつ言葉を使っている。僕らの体っていうのは、システム科学でいうと「オープンなシステム」であって、自己完結してないんです。環境と整合させながら言葉を生み出している。

――だから留守電ってしゃべれないんですね（笑）。

岡田　僕は十何年前に「漸次的精緻化」っていう考え方を書いたことがあるんですよ。なにげない会話の中で、はじめに〈柱〉って言ってみるんですね。そうするとその柱という言葉から「ああ、そういえば黒かったな」と思って〈黒い〉って言う。そしてシンタックスをちょっと整えて〈黒い柱〉って言い直すと、「あ、そういえば大きかったな」と思い出して……。こうやって言い直しをすることによって言葉は形づくられていく。これは言い間違いとかではなく、むしろ意味の不定性に起因する必須の行為なんです。僕らの話した言葉は、私たちの行為の向かう対象であると同時に、想起を制約し変化させうるような媒介物として働いているんじゃないかと。

――はじめに言いたいことがあるのではなくて、言うことによって言いたいことがわかる。だとすると、結果としてそういう言葉が出てきたくせに、「そういう言葉を言うために私は話したんだ」って思うのは、原因と結果

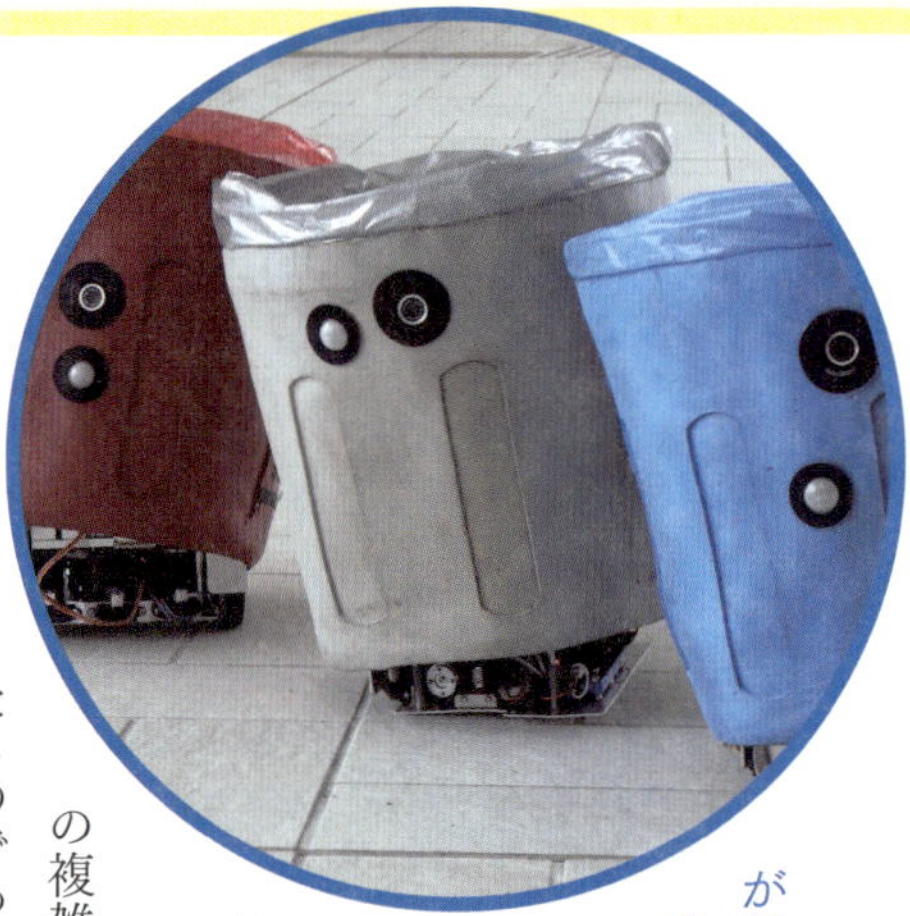

が逆転してますよね。自分でそう思うだけならいいですけど、「プランを持って語れ」と人に教えますでしょ。

岡田　サイモンの蟻の絵（一二三頁）を見せて、「砂浜に残された足跡が複雑なのはなぜでしょう」って聞くと、みんな「こいつ急いでるんだろう」とか「迷ってるんじゃないかな」とか、足跡の原因をアリの内部に帰属させて考えてしまうんです。

しかし、残された足跡が複雑なのは結局、このアリの内部の複雑さと、この砂浜の複雑さとの関わりのなかで生み出されたものであって、その原因はどちらにも帰属できないんです。「僕らは鳥瞰的に、状況を無視して物事を見てしまいがちだよね」っていう話をするんです。でも教育の場面とかでは、意外と状況から引き離して物事を捉えていることが多いんですね。

——ああ、リハビリと同じですね。「どんな状況でもできるような能力をつけなくてはいけない」って。

岡田　個人に能力をつけてから、という考え方自体が、逆に個人の能力を伸ばすチャンスを奪っているのかもしれませんよ。

『精神看護』二〇〇九年五月号より一部改変

第4章

関係へのまなざし

1 一人では何もできないロボット

誰か押してくれ〜！

「む〜」は、トーキング・アイから受け継いだ「目玉」をモチーフにしていたこともあり、そもそも手足がない。目の前にあるモノをつかんだり、手振りや身振りなどによって何かを表現することもできない。表情もない。二足歩行などとても考えられない。

この手足のないこと、表情のないことをどのように受け入れたらいいのか。ないものはしょうがないから、むしろそれを生かして何かおもしろいことはできないものか。

そんなことを考えていたときに、ある部屋の中で、椅子の上に置かれた「む〜」の姿が目に入った。誰かが何かの作業の際に、たまたま椅子の上に置いたのだろう。

ポツンと椅子の上に置かれている「む〜」の表情は「この椅子を誰か押してくれ！」と言わんばかりである。そのあっけらかんとした姿は、私たちになかば自分の命運を委ねているようでもあった。

なるほど、「む〜」は自身では動き回ることができない。けれども、そこであきらめてしまうこともないだろう。もし、誰かにこの椅子を押してもらうことができたなら、「む〜」は結果として動き回れるのだ。その椅子を押してもらうとき、「む〜」がほんの少しうれしそうな表情を浮かべるなら、椅子を押してくれる人はもっと増えるに違いない。

できないなら、やってもらえばいい

まったくの他力本願ではあるけれど、これはこれで捨てがたい方略だと思う。

「あっ、そうか。手足もなく、目の前のモノが取れないのなら、誰かに取ってもらえばいいのか。そもそも自分を上手に表現できないのなら、誰かに積極的に解釈してもらえばいい」

あらためて考えてみると、こんな捨て鉢ともいえる発想で作られたロボットは世の中にまだないのではないか。ポイントとなるのは「一人では動こうにも動けない」という、自分の身体に備わる「不完全さ」を悟りつつ他者に委ねる姿勢を持てるかどうかである。つまり、他者へのまなざしを持てるかということだろう。

周囲に自分を委ねながら結果として一つの行為を作り上げていくという方略は、「動歩行」モードとそれほど変わらない。委ねる相手を「地面」から「他者」に置き換えただけだ。つまり、地面と

椅子に乗せられた「む〜」

「む〜」の今後を考えていたとき、たまたまこの姿を目にした。それは、「この椅子を誰か押してくれないかなぁ」と言わんばかりの様子なのである。

「あっ、そうか。自分で動けなければ、誰かに動かしてもらえばいいのか」

他者を予定しつつ、他者に予定される、そんなロボットがあってもいいのではないか。他力本願なロボットのコンセプトが生まれた瞬間だった。

一緒に歩行という行為を作り出していくのと同様に、「不定さ」を備えた他者の身体からの支えを予定しつつ、目的とする行為を一緒に作り上げていくわけだ。

こうして「一人では何もできないロボット」というコンセプトが生まれてきた。目指すところは、「いつも他者を予定しつつ、他者から予定される存在」である。

2 サイモンの蟻

センサーはどんな？　モーターの数は？

二〇〇〇年を越えたあたりから、国内でもちょっとしたロボットブームになった。ホンダのアシモ、ソニーのアイボ（ＡＩＢＯ）などの人気にあやかり、各所でロボットの展示会やイベントが催された。「む～」もそのデザインのユニークさからか、ときどき「展示をしてみませんか」とイベントの主催者などから誘われた。あまり乗り気ではなかったけれど、ものは試しにといろいろな展示会でデモをすることとなった。

そうした展示会では、「む～」の説明をするたびに他の技術者から「これは何ができるものなの？」「この機構の自由度はいくつ？」と決まった質問を浴びて、なかなか閉口した。多様な手足の動きや顔の表情を作り出す多関節系のロボット研究が盛んなころでもあり、技術者たちがそれぞれのロボットの性能を判断するときに、モーターの数や機構の自由度などの基本仕様を手掛かりにしていたのだろう。モーターやセンサーをたくさん備え、多機能しかもコンパクト、これは日本のモノづくりの得意としていたところだ。

しかし、ずんぐりとした「む〜」には、大きな「目玉」のところに、相手の顔を追いかけるカメラが一つ付いているだけである。目玉の上下の動きは肯定を、左右の動きは否定を表現する。ちょっと後ずさりしたり、何かに興味があると少し近づく。こうした社会的表示や基礎定位、姿勢を調整するためのモーターは四つで十分なのだが、こうしたシンプルなロボットの説明をしているとローテクな雰囲気だけが際立つようで、なにか場違いな感じがして居たたまれなくなる。

「どのような機能があるのですか？」「どのようなところで役に立つのですか？」……

たしかにモノや道具に対する一般的な関心は、こうしたところに集約されるのだろう。そもそも「ロボット」の語源は、「私たちの代わりに働いてくれる機械」ということもあって、役に立たないことには存在する価値はないのだ。

ところがこうした質問に晒されてばかりいると、「む〜」を生み出した当人たちとしては、なんとも心穏やかなことではない。自分の子どもが大勢の大人たちに囲まれながら、「コレは何の役に立つの？」といった質問に晒される状況を考えれば、容易に察しがつくことだろう。

「どんな役に立つの？」（えっ、そんなことを言われても……）

「この腕の自由度は？」（どうしてそんなところに関心を持つの？）
「この目のところにあるカメラは機能しているの？」（ムッ、失礼な！）

こうした質問を投げかける技術者の多くは、決して「む〜」に触ることはない。むしろ遠巻きに眺めながら、後ろ手に構え、基本的な技術仕様を尋ねるだけだ。

そうした大人たちの一方で、子どもたちは「む〜」のセンサーの数や内部のモーターの数などを気にかけることはない。ひたすら叩いたり、触ったり、のぞき込んだりしながら、その関わりの中で何ができるものなのかを一緒に探り出そうとする。関わりそのものを楽しんでいるようなのだ。

この対照的な様子を見ながら思ったことは、やはり「む〜」というのは「子どもたちに囲まれてこその存在なのだな」ということである。子どもに囲まれているときの「む〜」は、表情も違って見える。

四十歳前後の働き盛りの技術者たちから遠巻きにされ、ポツンと一つだけがそこに置かれた状況では、「む〜」らしさはあまり出てこない。表情もないし、手足の巧みな動きがあるわけでもない。ひとりでキョロキョロしていてもあまりおもしろくない。大人たちの冷たい視線に対して、「む〜」はあまりに無防備だったのである。

複雑な足跡の理由

「むー」を怪訝そうに眺める技術者たちを見ながら私は、認知科学の中で語られてきた「サイモンの蟻」という話を思い浮かべた。簡単に紹介してみたい。

砂浜の上を一匹の蟻が歩いている。その後に延々と続く蟻の足跡。この蟻の残した足跡が複雑な絵模様を描くのはなぜなのか。

やはり小さな蟻といえども、その内部は複雑な神経系によって構成されているのではないか。顕微鏡で見るならば、複雑な筋骨格系のようだ。そこから生み出される足跡がこのように複雑なのもうなずける……。

このように、私たちはいつの間にか足跡の複雑さを生み出した要因を蟻の側に求めている。その要因を蟻の内部に一方的に帰属させてしまっているのだ。

しかしもう少し冷静に考えるならば、別の要因もあることに気づくだろう。それは砂浜という環境の複雑さである。「この蟻の足跡は、なぜ複雑な絵模様を描くのか。それは、その蟻の歩く砂浜の起伏が複雑なためなのである。その起伏に沿って歩いていたら、その足跡がたまたま結果として複

サイモンの蟻

砂浜に残された蟻の足跡。この足跡が複雑なのはなぜなのだろう。1969 年に出版された『システムの科学』でハーバート・サイモンが紹介した話である。

疲れていたためだろうか、それとも道に迷っているのだろうか。私たちの視点は、この動いている蟻に向きやすい。こうしたなにげない帰属傾向が、個体能力主義や認知主義を生み出したのではないだろうか。

雑になったにすぎない」という解釈もできる。

これは経済学やシステム科学の分野などで幅広く活躍したハーバート・サイモンが『システムの科学』（一九六九年）の中で指摘したことであり、「サイモンの蟻」の話として知られている。

実際のところはどうなのだろう。その足跡の複雑さの要因を蟻の内部メカニズムに一方的に帰属させることはできないにせよ、砂浜という環境の複雑さにだけ帰属させてしまうことにも無理がある。その複雑さは、蟻という行為主体とその環境との関わりの中から結果として生み出されたものだ。それを複雑な絵模様を生み出す「能力」だと捉えるならば、その能力は蟻とそれを取り囲む砂浜との間で分かち持たれるべきものだろう。

ロボットなどの動く様子を見たとき私たちは、「それはどのような機構から構成されるのか」と、機能や能力をロボット側に一方的に帰属させて考えやすい。あたかも砂浜の上を歩く蟻を眺めるように……。

関係をデザインする時代

さて、「一人では何もできないロボット」というコンセプトを考えていたころに、ひょんなところから、「む〜」の手書きのアニメーションが生まれてきた。海外での、ある技術展示に向けたプロモーションビデオのために、武蔵野美術大学で視覚伝達デザインを学んでいたメンバーがこのプロ

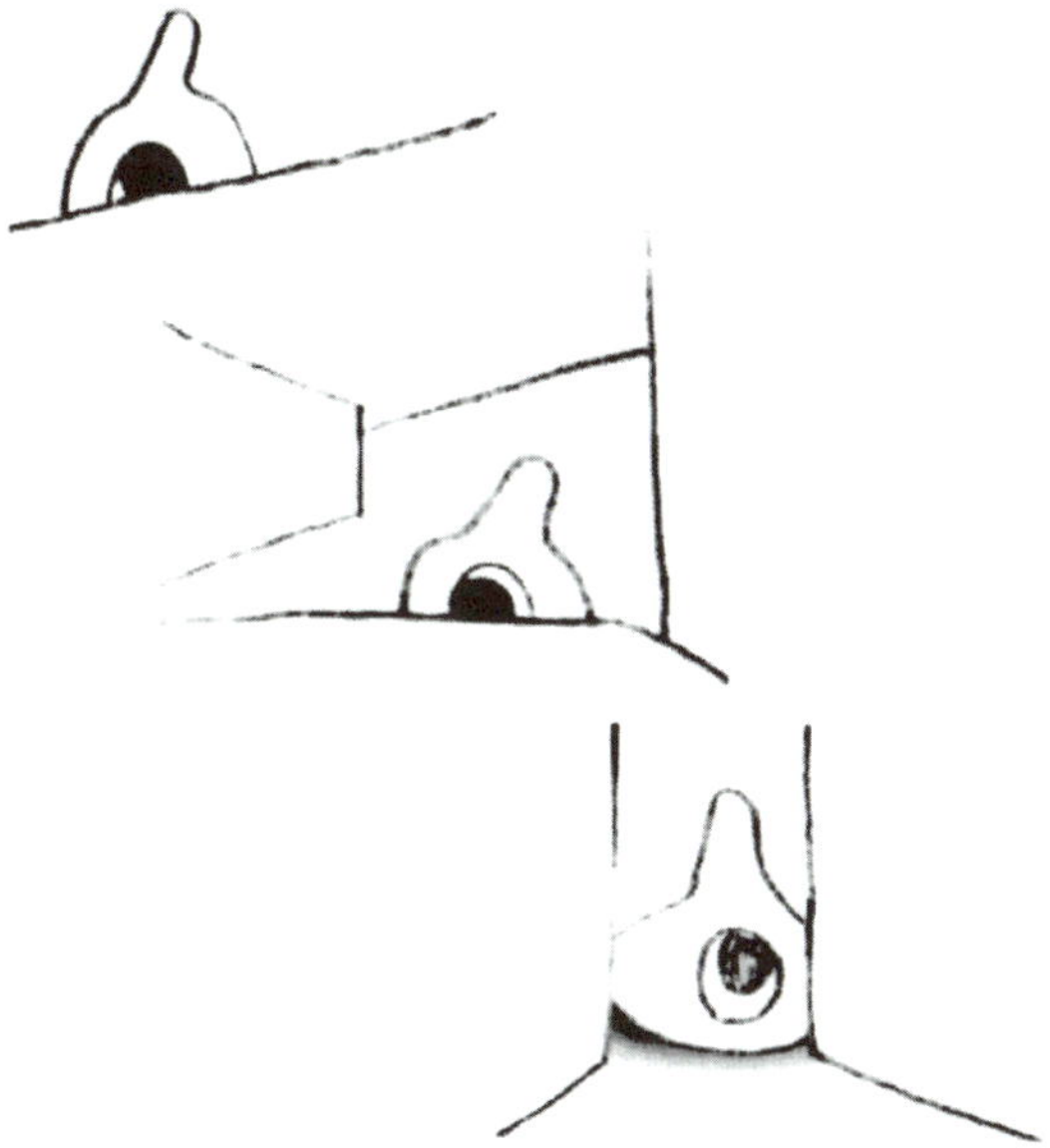

（©Yoshino Fukuma and MuuMA Design Group, 2003）

MuuMA ——「む〜」の手書きのアニメーションから

壁や物陰との関係の中で表情を生み出している。
そろそろ、ロボットそのもののデザインを考える時代ではないのではないか。むしろ周囲との関係をデザインする時代なのかもしれない。

ジェクトに参加してくれたのである。

とても素朴でシンプルなアニメーションなのだけれど、そこで効果的に使われていたのは、壁や隙間との関係だった。壁と壁の間から、アニメーションで描かれた「む〜」がそっと顔をのぞかせる。その表情がとても豊かなのだ。こちらの様子をうかがいつつも、ひょいっと背を向けて、その身を隠してしまう。ヨタヨタと動きながら、ちょっと首を傾げるような仕草がかわいい。

「む〜」はもともとシンプルなラインで表情はない。にもかかわらず、壁や隙間との関係からなかなか味のある表情が生み出されている。これはアニメーションなので壁や隙間を積極的に利用したわけではないけれど、結果として壁や隙間と一緒になって表情を生み出していたということなのだ。

当初、「一人では何もできないロボット」という観点からは、他者からのアシスト（＝グラウンディング）を上手に引き出しながら、ある目的を達成していくということばかりを考えていた。しかし、アシストはヒトからに限られるわけではない。壁に助けを求める、物陰に頼る、あるいは「む〜」の無表情さを、それを取り囲んでいる壁との関係で補う。こうした「モノに頼る」という発想はこれまでにないものだった。

見方を変えるならば、「自分の表情や姿の意味や価値を、個体として主張するばかりでなく、その周囲に委ねている」といえるかもしれない。そうすると、ロボットのデザインにも「動歩行」や「雑談」での議論がそのまま当てはまる。

どうなってしまうかわからないけれど、せっかくだから地面に自分の身体を委ねてみると、思いもかけずに歩行は地面との間でいい感じのバランスを見出した。同様に表情の乏しい「む〜」は、ちょっと物陰に頼ってみた。その意味や価値をなかば周囲に委ねてみた。すると、思いがけず周囲からの支えを得て、結果としてなかなか味のある表情を生み出したということなのだ。広い意味では、これも「グラウンディング」と呼べるのではないか。

このアニメーションを眺めながら私は、「もうそろそろロボットのカタチをデザインする時代ではないのかもしれない」と思った。むしろ、「周囲との関わりをデザインする時代なのではないのか」と。ロボットの個体としての姿や機能を議論するのではなく、周囲との関わりから立ち現れる意味や機能に着目していくというロボット研究があってもおもしろい。

「間」というのは、物理的な何かと何かとの間（あいだ）という意味もあれば、時間的な間（ま）という意味もある。そもそも「人間」という言葉は「人の間」と表現されるのだから、「む〜」とその周辺との「間」は「MuuMA」ということになるだろう。というわけで、にわかに「ムーマ（MuuMA）プロジェクト」が作られた。

身を捨ててこそ

ロボットのデザインに限らず、その姿がシンプルであればあるほど、私たちの関心は周囲との関係に移るようだ。たとえば、テーブルの上にポツンと「む〜」が置かれている。表情は乏しく、動きまわることもない様子を眺めていると、こちらの視点はテーブルと「む〜」との関係に移ってくる。今「む〜」は壁から離れようとしているのか、そばにあるモノに近づこうとしているのかという社会的表示を支えているのは、「む〜」を取り囲んでいる壁やモノの存在なのである。

また、「対」の中から表情が生まれてくることもある。これはシーグラフの技術展示（五六頁）のころから気になっていたことだ。一つの「む〜」がポツンと置かれている状態では魅力をあまり感じないが、二つの「む〜」が寄り添っているとき、どういうわけか、その表情はとても豊かなのである。そういう意味で「む〜」は、「一人では何もできないロボット」であると同時に、「一人ではつまらない、魅力のないロボット」ともいえるのだ。

では、二つの「む〜」が寄り添うとき、そこではどのようなことが生じているのか。

一つの「む〜」がなにげなく視線を相手に向けると、もう一つの「む〜」もその相手に合わせるかのように視線を返す（ようにみえる）。このことで、先のなにげない「む〜」の振る舞いが「視線を向ける」と意味づけられると同時に、その行為があってはじめて後の行為が「視線を返すような仕草」と意味づけられている。

このように、お互いの振る舞いをグラウンディングし合うことで、相互に価値づけ合っている。つまり、「支える＝支えられる」という相互に依存し合う関係こそが、お互いの表情を生き生きと見せていたというわけである。

「一人では何もできない」という開き直りの中で、自分のことを自分だけで表現することをなかばあきらめてみると、それを取り囲むモノとの関係や他者との関係が顕在化してきた。これは「身を捨ててこそ浮かぶ瀬もあり筏乗り」といった感覚だろう。

3

ロボットのデザインに対する二つのアプローチ

ロボットのデザインには、関わる人たちの身体観やヒト観のようなものが反映されている。そのアプローチは、大きく二つの方向にまとめられるように思う。

一つは「足し算としてのデザイン」と呼べるようなアプローチである。長い間の試行錯誤の末に、ヒトらしさを特徴づける身体機能である二足歩行がようやく実現できた。すると技術者たちの関心は、手振りや身振り、顔の表情などに向かう。こうして胴体や手、指、そして顔のパーツやその制御機構などがロボットに付け加えられていく。

「もっと豊かな表情を作り出せないか」

「もっと滑らかな動きも欲しい」

そんな機能要求に一つひとつ応えながら、新たな要素を追加していく。ロボットの高機能さをアピールするために、センサーやモーターの数を競い合う。これらの「足し算」の発想は、より多様な機能を備えることを目指してきた二〇世紀のモノ作りに見られる共通した考え方だろう。

足し算としてのデザイン
（実体としての同型性の追求）

引き算としてのデザイン
（関係としての同型性の追求）

写真は左からQRIO［SDR-4X II］（ソニー株式会社）、Robovie-R（ATR知能ロボティクス研究所）、Robovie-M（同）、AIBO［ERS-311］（ソニー株式会社）、Keepon（小嶋秀樹、宮城大学）、む〜、トーキング・アイ

ロボットのデザインに対する二つのアプローチ

（a）足し算としてのデザイン

「もっと豊かな表情を作り出せないか、もっと滑らかな動きもほしい」という要望に合わせて、さまざまなパーツを追加しながら、ヒトに近づけていく。目の前にちゃんと手本が存在しているのだから、それを忠実に模倣していけば、きっと本物に近づけるはずという発想。たしかに一つのアプローチではある。

（b）引き算としてのデザイン

ヒトらしさはどこにあるのか。引き算によって実体的な意味をそぎ落としていくと、むしろ周囲との関わりの中から、関係としての意味が立ち現れてきた。ここで追求すべきは、むしろ「関係としての同型性」なのではないか。

その目指すところは、完全無欠な存在としてのロボット。つまり個体にすべての機能を集約し、それだけで自己完結しようとするロボットだ。これは私たちが抱いてきた個体能力主義的な人間観の反映だろう。

繰り返し述べてきたように、私たちは能力を一方的に個体に帰属させやすい。あるいは観察者の視点からは、「身体は個体として完結している」という先入観を持ちやすい。そういう意味で、ロボットに対する足し算としてのデザインとは、「観察者から見た身体の具現化を目指したもの」と捉えることができる。

似ていればいるほど似ていない

このアプローチのもう一つの特徴は、「実体としての同型性」を追求するという点にある。どういうことか。

「ヒトらしさ」を追求しようと、胴体、手足、指、顔の表情など、ヒトの持っている各パーツの形状やサイズ、筋骨格系に至るまで上手に模倣し、精緻に作り上げていく。皮膚の素材など、その質感にもこだわる。ヒトに近づけるためにサイズや形、姿、質感を丁寧に模倣していくというのは、当然といえば当然のアプローチだろう。なぜなら目の前にそういうものが手本として存在しているのだから。

しかし、容姿をヒトに近づけていけば本当にヒトらしくなるのか。「足し算」がもたらすリアリティに関しては不思議な現象も知られている。それは「リアルに近づけようとすればするほど、リアルから離れていってしまう」というものである。

猫や犬型のロボットを作ろうと、その姿や形をどんどん猫や犬に近づけていく。加えて、毛皮などの素材や眼球などのパーツを本物に近づけていく。しかし不思議なことに、本物に近づけようとすればするほど本物との差異が余計に際立ってしまうのである。そこで生み出されたロボットは、ちょうど猫や犬の剥製のようで、ちょっと気味が悪い。そして表情は生きていない。

一九九〇年代に、コンピュータグラフィックスの世界でも同様のことが生じた。ヒトの表情を作ろうと、ポリゴン（三次元コンピュータグラフィックスで、立体の形状を表現するときに使用する多角形）で表現された顔の形状に、ヒトの写真をそのまま貼り付けてみると、その表情は悲しいことにデスマスクのようになってしまうのである。最近の女性の姿をしたアンドロイドロボットの場合はどうなのだろう。いわゆる「不気味の谷」は越えられるのだろうか。

「引き算」としてのデザインへ

足し算としてのデザインに対して、「引き算としてのデザイン」を特徴としたロボットを考えてもおもしろいのではないか。「む〜」を開発する中で、そんな考え方がしだいに明確になってきた。

トーキング・アイのところで考えた雑談の仕組み、そしてピングーの会話との出会い。これらに共通するのは、「実体としての意味をそぎ落としていくと、むしろ周囲との関係から立ち現れる意味が顕在化してくる」ということだった。「一人では何もできないロボット」という「む～」のコンセプトも、個体としての役割や機能を抑えながらむしろ関係性を志向し、その関わりの中から立ち現れるオリジナルな意味や機能に着目しよう、ということである。

しかし、どこまで引き算をしたらいいのかが難しい。「引き算をする」とは、実体としての意味や機能をそぎ落としつつも、同時に本質をえぐり出す作業でもあるからだ。

顔の表情に変化があれば、それを手掛かりに会話を続けることができる。ところが初対面だったりすると、相手の表情が硬くて気持ちが読めない。そんなときには、今度は相手の目の動きに手掛かりを移す。目を見れば、相手は何に注意を向け、どんなことに関心があるのかを察することができる。

そういう意味で「目の動き」があれば、なんとかなる。トーキング・アイや「む～」というクリーチャは、こうした引き算の結果として「目の動き」だけが残されたわけである。

ピングーに学ぶ「関係としての同型性」

さらに考えを進めて、では相手の目の動きが見えないときに私たちはどうするか。相手に近づいたり声をかけてみたりして、その働きかけに対して返される「動き」から相手の状態を探ろうとするだろう。

ここで再びピングーを思い出してほしい。ピングーの発話は抑揚の変化があるだけだし、クレーアニメーションでの振る舞いも素朴でそれほど豊かではない。にもかかわらず、見ている私たちは自然にその世界の中に入り込んでしまう。それはなぜなのか。

ピングーが慌てた拍子にドアに手をぶつけ、顔を少し歪めている。そのとき見ている私たちも「痛そう！」と思うのは、私たちもまたドアに手をぶつけたときに痛みを感じるからだ。また、ピングーがドアに近づこうとするとき、その行為を「近づく」と意味づけできるのは、私たちもまたモノに近づく事態を「近づく」と意識するからだ。

このように他者のモノや環境に対する関わりに意味を見出せるのは、私たちが他者と同型な身体を備えているためである。しかし、必ずしも個体として同一の手足を備えているという意味での同型性ではない。むしろ、私たちと周囲との切り結びの様式が「同型」なのである。

前者を「実体としての同型性」と呼ぶとすれば、後者は「関係としての同型性」と呼べるだろう。

姿は似ていなくてもいい

こう考えてくると、私たちの身体にたまたま備わった手や足の役割や価値は、周囲との関わりの中で事後的に立ち現れるものといえる。つまり、そこで与えられた手のサイズや形態は、一つの「生態学的なシステム」の中の要素にすぎないのだ。加えて、そこで発せられる声や表情の変化なども、その生態学的な関係の中でたまたまある言葉やメッセージとしての役割を与えられたにすぎない。「む～」に手足がないこと、表情のないことをどのように受け入れたらいいのかと考える中で、私はこれも一つの「生態学的な制約」と見なすことにした。したがって、ヒトのそれに近づける必要はない。与えられた身体とそれを取り囲む環境の中で、なにかオリジナルな役割や意味を見出し続けることができるならば、それで十分なのである。

個々のロボットのスペック（技術仕様）やデザインを議論することから脱して、そろそろ私たちの視点を、ロボットたちと子どもたちやおばあちゃんとの関わり、その具体的な営みそのものの中に移していく必要があるのだろう。

第5章

弱さをちからに

1 乳幼児の不思議なちから

周囲の関心を独り占め

赤ちゃんはいつ見ても、不思議なものだなあと思う。手や指はとても小さくて精巧なつくりをしている。キカイキカイした「手」や「指」であれば、私たちにでも頑張ればなんとか作れるかもしれないけれど、この精巧で柔らかい手や指には脱帽してしまう。眺めているだけでいつまでも飽きることがない。

それに加えて、「とてもかなわないなぁ」といつも思うのは、乳児のかわいらしさに備わる、その不思議なちから、に対してである。

乳児は養育者の腕の中に抱かれている。ときおり小さなあくびをする。まだ歩くこともできないし、モノをつかむ力も弱い。残念ながら言葉を操ることもできない。「一人では何もできない」という意味で、家庭の中ではもっとも弱い存在のように思われる。

ところがどうだろう。乳児がすごいところは、「何もできない」のに周囲の人たちの関心を独り占めにしてしまうことである。

子どもが少しぐずりだすと、周りにいる人たちは慌て始める。

「あれ、そろそろ眠くなってきたのかな」
「それとも、オムツの交換だろうか」
「もうお腹がすいたのかなぁ」
「でも、さっきミルクを飲んだばかりだよなぁ……」

みんなの謎解きが始まる。この、わかりそうでいてなかなかわかりにくい微妙なシグナルがポイントなのかもしれない。

そうしたことを何度か繰り返していると、乳児からのシグナルを読み解くコツがわかってくる。そのコツは他の家族にも共有されていく。家族の中だけで通じるような「家庭内言語」になっていくのだ。

「あっ、このぐずり方はそろそろオムツの交換なんじゃないの？」
「そろそろかなぁ」

「そうそう、やっぱりそうだよ」

シグナルを読み解くためのコツを共有するうちに家族同士の絆も少しずつ深まっていき、このあいだまで新米だった養育者たちの顔つきもたくましく見えてくる。

いつの間にか家族の中で共有される乳児からのシグナルは、家族同士をつなぐ「媒介物（メディエーター）」になっているようだ。わずかなシグナルを介した手探りのコミュニケーションによって、乳児はしだいに「家族の一員」として受け入れられていく。

「む〜」の開発の過程で生まれてきた「一人では何もできないロボット」というコンセプトは、たぶん、乳幼児の持つこの不思議なちからへの憧れが背景にあったのだ。

この子はどこで生まれたの？

幼稚園などで子どもたちに囲まれると、「む〜」は乳児のような扱われ方をされる。ちょうど年長さんくらいの年齢だろうか、子どもたちはお兄ちゃんやお姉ちゃんにでもなったかのように「む〜」を迎え入れてくれる。

「あっ、む〜ちゃんだ」

「おいで、おいで」

「かわいい……」

しばらく撫でまわしたり目の中をのぞき込んだりして、すぐに自分たちの仲間として引き入れようとする。


「ねぇ、どこで生まれたの？」

「いまいくつなの？」

「お母さんはどこにいるの？」


その屈託のない質問攻めに圧倒される。「あっ、ロボットだ！」と認識しつつも、子どもたちにとって「む～」は、自分たちと同じ世界に生活している友達のような存在なのだ。

「む～ちゃん、何してあそぶ？」との子どもたちからの語りかけに対して「む～」は、む－む－と非分節音による訳のわからない応答を返している。子どもたちはその反応に一喜一憂したり、勝手な意味づけをして楽しんでいる。ときどき「む～」が黙り込んでしまうと、「もう、ねむいの？」「お腹がすいているのかなぁ」と、なぞ解きが始まるのだ。

「なり込み」のちから

相手の状態や気持ちを推し量ろうとするときに情報が十分でないと、「ねむいのだろうか」「お腹がすいているのだろうか」と、自分の身体が感じていることを手掛かりに相手が感じ取っていることを探ろうとする。思わず自分の身体を相手の身体に重ねてしまうのだろう。これは、「なり込み」とか「のり込み」と呼ばれている。

「引き算」の効用なのだろうか、ピングーの非分節音のように実質的な意味が隠されてしまうと、「なり込み」による解釈、つまり「関係としての同型性」に依拠した解釈が私たちから引き出されてくる。乳児の喃語《なんご》などは、この性質を上手に利用しているように思われる。

「そのミルクを取ってちょうだい！」といった明確な意味を伴う言葉は、相手がその意味を解釈する余地を奪ってしまう。一方で、たとえば〝トントン〟という単なる音では、意味をそぎ落とされすぎてしまってどのように解釈していいのかわからない。どこまでそぎ落とせるものなのか、ある意味でバランスが必要なのだろう。

ポイントとなるのは、他者の積極的な解釈を引き出しつつ、その解釈を方向づけるような「最小の手掛かり（minimal cues）」である。乳児がある状況で発する「うぐー」は、私たちの勝手な解釈を引き出しつつも、その解釈を方向づけている。ピングーの世界における非分節音も同じだ。ミッフィーやキティなどの無表情さなども、これらのバランスをうまく踏まえている。

リアリティは、やりとりに宿る

「最小の手掛かり」に導かれて私たちはやりとりを続けるが、こうしたやりとり自体が、その解釈を繰り返し強化していくという側面もある。

「あら、今日はご機嫌でちゅねー」と養育者が乳児に声をかける。すると乳児から「うぐー、うぐー」と喃語での応答が返される。これに気をよくして、また「あら、本当に元気なんでちゅねー」と語りかけを続ける。それに対して「うぐー」という喃語が返される。

「この子は、私と同じような心を持っているんじゃないか」と思えてさらに言葉をかけてみると、その解釈を支持するかのように、子どもから再び「うぐー」の反応。これに促されるようにさらに語りかけを続ける。なにげない一歩を重ねながら、地面との信頼関係を作り上げていくように、である。

「この子には心があるのではないか」という私たちの志向的な構えは、語りかけに対して返される「うぐー」というグラウンディングによって支えられ、強化される。と同時に、子どもの反応によって強化された志向的な構えによって、「うぐー」の意味がさらに支えられることになる。

このように私たちは、なにげないやりとりの中で、「他者を支えつつ、その他者によって支えられる」というソーシャルなカップリングの芽を構成し合うようだ。そのカップリングにおいて、か弱い「うぐー」は私たちを揺り動かすちからを備えていき、私たちは応えずにはいられなくなる。

言葉のもつリアリティとは、個々の言葉にではなく、むしろこうしたカップリングの中に宿るのである。

2 ロボットの世話を焼く子どもたち

頼りなさに意味があるのかもしれない

子どもたちを見守るロボット、子どもたちをケアするロボット……。「役に立つロボット」を開発しようとするとき私たちは、ロボットが子どもたちの手を携えながらどこかに導くようなイメージを持つ。

しかし「む〜」の場合はどうだろう。「そのあかの積み木をとって！」という「む〜」からのたどたどしい指示をよそに、「次はみどりにする？」「もっと高く積もうか」「よしよし、おりこうだね」と、子どもたちはあたかも弟や妹を相手にするような口ぶりなのである。

大人たちの勝手な期待とは裏腹に、子どもたちが「む〜」の世話をしているわけだ。加えて、いつもお母さんから世話をしてもらう立場とは違って、少し大人びた表情になっている。この逆転した風景はなかなかいい。

「この弱さや頼りなさには、もう少し積極的な意味があるのかもしれない」

そう感じた瞬間でもあった。

たとえば子どもたちは、「これでいい？」「次はどうする？」と、少し先回りしながら「む〜」の意図を確認しようとする。それに対する「む〜」からの発話は不明瞭だ。でもそれを勝手に解釈しながら、ちょうど自分よりも年下の子を甲斐甲斐しく世話をしているように、遊びを進めていく。キカイキカイしたロボットでは、こうした子どもからの関わりはなかなか引き出せない。

「子どもを懸命に育てていたら、結果として養育者のほうも一緒に成長していた」ということがある。発達心理学の鯨岡峻らの指摘した「関係発達論」という見方である。それと同じように、一人では何もできない「む〜」の世話を焼いていたら、結果として子どもたちが成長していた——。

そんな学びの場をデザインしたら、どんな光景が見られるだろうか。

「む〜」を障害児の療育現場に連れて行く

私は数年前から、京都にある子どもの療育施設で、コミュニケーションに障害のある子どもと「む〜」との関わりを観察してきた。

プレイルームの中にいろいろな玩具が置かれており、それらと一緒に「む〜」がテーブルの上で動いている。そばで言語聴覚士と未就学の子どもとの絵カードを使ったやりとりが続く。

「Kちゃん、これはいくつ？」

「……」

「ふたつ。ふたつだよ」

「ふた、ちゅ……」

「そうそうふたつ。ふたつってどっちかなあ」

「ふたちゅ？」

「そうそう、ふたつってどれ？　どのカード？」

子どもは二つの絵模様の描かれたカードを指差す。

「そう、ピンポーン！　じゃこれは？」


こうした絵カードを使った遊びの最中にも、子どもはときどき「む～」のほうに目を向けている。ちょっと気にかかる存在なのだろう。そこで先生は絵カードの遊びを中断して、積み木を使って「む～」と遊んでみる。

先生が「む～」に黄色の積み木をかざしながら、「む～ちゃん、これは何色？」。するとと「む～」は積み木に向かいつつも「え～と、なんやろなぁ、え～と……」と、なんとも頼りない。あきらめそうになったころに「む～」から答えが来た。

「みどり！」

「ブッブー、これはきいろでしょ。じゃもう一回いくよー。これは何色？」

今度は緑の積み木を差し出してみる。するとすかさず、

「みどり！」

「そう、ピンポーン！」

「もー、ダメって言ってるでしょ！」

「む〜」と先生とのやりとりを見ていた子どもも、目の前にあるいくつかの積み木を手に取って、「む〜」と関わろうとする。なかなか言葉にならない声でぶつぶつとささやきながら、積み木をかざしてみる。すると「む〜」から「きいろ！」という言葉が返ってくる。それに対して、子どもは左右に顔を振る。

「そうだよね、ブッブーだよね、みどりだよね」と先生が言葉を添えてあげる。すると、子どもも少し叱るような口調で、またぶつぶつと「む〜」に対して言葉を投げかける。

いつもは先生と子どもとの関わりの中で、一緒に遊びつつも「教える＝教えられる」という関係は固定化している。先生に言葉を教えてもらったり世話をしてもらうことはあっても、子どもが先生に対して叱りつけたり教え諭すことはない。ところが子どもと「む〜」においては、その関係は

一新されるのである。

「もー、ダメって言ってるでしょ」としきりに語りかける子どもは、ゆうべお母さんに叱られた口調を真似しているのだろうか。「む〜」はキョトンとしたままで、目の前で何が起こっているかわからない。ある意味で言われっぱなし、叱られっぱなしなのだ。ときどき何を勘違いしたのか、「おはよう！」などと声に出してみる。すると、「む〜ちゃん、今はおはようじゃないでしょ、もうお昼でしょ」と先生からもまた叱られる。そうしてしだいに「む〜」との関わりが深まってくる。


子どもは先ほどまで先生と一緒に遊んでいた絵カードを持ってきて、「む〜」に対して一生懸命にかざす。


「みっつ、みっつ、わかった？」

キョトンとしている「む〜」。

「だめでしょ、みっつでしょ、みっつ！　これは？」

先ほどの先生の口調を真似ながら、あるいは自分の小さな兄弟にでも教え諭すように語りかける。その表情は得意そうでもある。

傍から見ていた親も、自分の子どもの様子に驚いてしまうようだ。

「誰かに教え込もうとしているなんて、これまで見たことがなかったです」
「こんなにやりとりが続くなんて……」
「いつもはしゃべらないのに、ロボットだとどうしてこんなにおしゃべりが続くのでしょう」

受け身のアシストが言葉をひらく

コミュニケーションに障害を持つ子ども、特に広汎性発達障害の子どもにとって、ヒトの行動は予測しがたい。ヒトの振る舞いは、私たちが考える以上に複雑で挙動不審に映るのかもしれない。だからためらってしまうのだろう。あるいは、相手の挙動が複雑多岐で、自分の行為はどのようにグラウンドされているのか、その整理がつきにくいということがあるのかもしれない。

ヒトに比べて、「む〜」の場合はどうだろう。たしかに「ソーシャルな存在を目指しつつもソーシャルな存在になりきれていない」という微妙なポジションではあるが、その表情や動きはいたってシンプルである。ヒトの行動に比べると、圧倒的に予測しやすい。そうした環境が子どものなにげない行為を引き出しているのだと思う。

このように、子どもたちからアシストされる側にある「む〜」も、一方では子どもたちの行為や発話を引き出しつつ、同時にその行為や発話の意味をグラウンドしている。「一人では何もできない」ロボットが、むしろ「子どもたちをアシストしている」ともいえるのだ。

子どもの手を携えてどこかに導いていくような能動的なアシストとは違う、もう一つのアシストの姿がここにはある。それは、なにげなく繰り出した一歩を丁寧に支えてくれる地面のようなものかもしれない。その役割は受動的ではあるけれど、同時に生産的でもある。

もう一つの参与観察

コミュニケーションに障害を持つ子どもの療育現場に、ソーシャルなロボットを持ち込んではどうだろうか——。

このアイディアは、イギリスのハートフォードシャー大学のキャスティーン・ダーテンハーンらのグループからもたらされた。ちょうど二〇〇〇年を過ぎたころである。ほぼ時を同じくして、アメリカや日本でもさまざまな試みがなされ、今ではsocially assistive roboticsと呼ばれるような、一つの研究分野として確立しつつある。

ソーシャルなロボットは、玩具などの「モノ的」な性質と、エージェントとしての「他者的」な性質を兼ね備えている。私たち大人も容易に入り込めないような子どもの遊びの世界に、玩具に姿を変えながら入り込んだり、あるいは「もう一人の他者」として入り込むことが可能な稀有な存在なのである。「む〜」も、子どもたちにとって当初は玩具の一つにすぎないが、しばらくするとそれは遊び相手にもなってくる。

このロボットの多面性と連続性は興味深い。この性質を生かして、「モノへの執着」から「他者との関わり」へとつなぐ〝足場〟を提供できるのではないか。

たとえば、子どもに対する「もう一つの参与観察」が可能となるだろう。すなわち、子どもの遊びの場に入り込みながら、その玩具（あるいは一人の参与者）の内なる視点から、子どもの表情を観察する。あるいは遠隔操作などによって子どもに働きかけながら、子どもの行為を引き出してみる。そのやりとりの中で子どもの障害特性を明らかにしていくようなことも、可能性の一つとして生まれてきたように思う。

もう一人の他者

コミュニケーション障害児に対する療育のポイントの一つは、子どもたちの一つひとつの行為に対して、丁寧に意味づけをしてあげることなのだという［★1］。丁寧なグラウンディングによって意味づけられることによってはじめて、自分の行為を自分のものとして取り込んでいくことができるのだ。

★1　『発達障害当事者研究』（医学書院）の著者、綾屋紗月はある研究会で、「他者のグラウンディングによって初めて〈自分〉の感覚が承認され、〈私〉や〈世界〉が立ち上がる」といった趣旨のことを述べている。

この考え方は、他者との関わりの中から立ち現れてきた能力を自分のものとしていくことが発達の一つの道筋だとする、ロシアの心理学者レフ・ヴィゴツキーのいう「発達の最近接領域（Zone of Proximal Development; ZPD）」の議論とも重なるだろう（詳細は一九六頁）。

コミュニケーションにつまずきのある子どもたちにとって、他者との関わりの中で立ち現れる「発達の最近接領域」は、健常児に比べて狭いものとなる。「む〜」などのソーシャルなロボットは、そんな子どもたちにとっての「もう一人の他者」として、発達の最近接領域を少しずつでも押し広げるような、準ソーシャルで、レスポンシブな環境として機能するという可能性も芽生えてきたのである。

子どもの〝ゆっくり〟につきあえるか

もちろん、思い描いたようなケースばかりではない。子どもたちはさまざまな個性を持っており、しっぽを突然かじりだすなどはじめから「む〜」に対して攻撃的に振る舞う子もいれば、そこまで行かなくても「む〜」に対してとても警戒心の強い子どもたちもいる。

Mちゃんのケースではどうだろうか。

やはり気になる存在なのだろう、他の遊びをしながらも、ときどき「む〜」に注意を向けている。何かの拍子に「む〜」に接近を試みては、途中で折り返してくる。親の膝の上を安全基地としながら、「む〜」に少し近づいてはまた戻ってくることを繰り返すのだ。

さらに興味が増してくると、親の手を引っ張るようにして、「む〜」に触ることを求める（これはクレーンを操作するような状況に似ていることから、「クレーン現象」と呼ばれることがある）。そしてついには自分でも「む〜」に触ってみる。それでなんともないことがわかると、しばし探索活動が開始される。「む〜」を少し傾けて下のほうをのぞき込んでみたり、叩いてみたりする。このステップに進むと警戒心も少し緩む。ロボットの前に座り込むことが多くなり、親のところに戻ってくることが少なくなる。

Mちゃんは先生に促されるようにして、模倣的な発話を繰り返したり、玩具の一つである虹色のスプリングを「む〜」の角《つの》のところに掛けて引っ張ってみる。あるいは、「む〜」の目の前に積み木を高く積んで、それを「む〜」に押してもらったり、倒してもらうなどの遊びを見出していく。

こうした関係構築の様子を見ていくと、なにかスローモーションを見ている感覚になる。普通は瞬間的に行われている他者との関係構築のプロセスも、こうした子どもたちの場合にはとてもゆっくりと進むのだ。その間に「む〜」はどこかに行ってしまうことなく、その様子をじっと待っていてくれる。人は待ってくれないが、「む〜」はMちゃんの〝ゆっくり〟な関係構築につきあってくれているという安心感がある。

その意味でヒトとモノとの中間に位置するロボットは、きまぐれな「他者」とは違って、いつもそこにいてくれる「地面」のような存在でもあるのだ。

3 おばあちゃんとの積み木遊び

「この子はえらいね……」

「む～ちゃん、これは何色かな？」

おばあちゃんが積み木を「む～」の目の前にかざしている。しかし「む～」はグズグズしていて、なかなか答えられない。

「え～と……」

そこでしばらく時間が止まる。おばあちゃんがあきらめかけて積み木を引っ込めようとしたとき、ようやく言葉が返された。

「あかだよ！」

「そうそう、あかだよね。えらいえらい。この子はえらいね。……じゃ、これは何色かな？　む～ちゃん、何色？」

「む～」ちゃん、
これは
何色かな？
違うよ、
これは
みどりでしょ！
きいろ！

おばあちゃんたちとの積み木遊び

「む～」に積み木の色を教える。ただそれだけの他愛もない遊びなのだが、やりとりは真剣そのもの。遊びの場にいろいろな人たちが集まって、なごやかな空間を作り出す。しだいに、おばあちゃんの顔にも赤味が差してくる。

少し間をおいて「きいろ！」

「ちがうよ、これはみどりだよ。みどり！」

ある高齢者福祉施設の部屋の中で、「む〜」とおばあちゃんとのやりとりがしばらく続く。おばあちゃんは自分の子育てのころを思い出しているのだろうか。それとも、お孫さんを相手に遊んでいるような感覚を思い出してのことなのだろうか。いつの間にか笑顔が戻ってきて、顔にも赤みが差してくる。

このやりとりの様子を見ていた周りの人たちも集まってくる。めいめいに積み木を手にして、競い合うように「む〜」にかざしてみる。

「む〜ちゃん、これは何色？」

「知らんわ、そんなん！」

意表をつくような反応に、「む〜」を取り囲んでいた人たちからどっと笑いが起こる。

「なんで知らんのよ。教えてよ」

「知らん」

ツンツンしたやりとりに、またどっと笑いが起こる。

グズなくらいのほうがいい

「そうそう、あかだよね。む〜ちゃんは偉いんだね」と返すのは、「む〜」の発話に対するおばあちゃんからのグラウンディングだろう。「む〜」からの発話の意味や価値をさりげなく支えている。

その一方で「む〜」も、おばあちゃんがかざした積み木に対して懸命にその色の名前を探し当て、答えようとする。これはおばあちゃんの振る舞いに対するグラウンディングとなっている。その際、「む〜」からの反応はちょっとグズなくらいのほうがおばあちゃんの人気は高い。

実際、「む〜」との関わりでは、その応答のタイミングによって雰囲気は大きく変わる。何も考えずに機械的に相づちや反応を返していただけでは、軽率なロボットという印象しか与えない。またテンポを外してばかりでも、トロいだけの印象しか残らない。そうした中で、「む〜」のちょっとした沈黙や間合いに、心や意識のようなものを感じることがある。

おばあちゃんは、「む〜」からの答えをじーっと期待しながら待っている。自分のかざした積み木は何色なのか、「む〜」は一生懸命に考えてくれている（ように見える）。「む〜」は、その中にある小さなコンピュータの処理能力の問題もあって、少し沈黙したりする。部屋の照明との関係で、積み木の色を間違えたりもする。その姿はまるでモジモジしている子どものようだ。

モジモジは優しさの証

言葉を交わす瞬間というのは、廊下や人ごみで人とすれ違うような状況にとても似ている。少しいたずらをして、混み合う交差点の中をまっすぐに歩いてみよう。ぶつかりそうになっても相手が避けるようにして通り過ぎてくれれば、自分が少し偉くなったような気分になる。でも相手もまっすぐに歩いてきて思わずこちらがよけることになれば、今度は自分の存在の小ささを自覚することになる。このようにして私たちは、他者との切り結びの中で、「相手にとっての自分」の存在や大きさを特定する情報をピックアップしている。

これは「む～」とおばあちゃんとの積み木遊びの場面にも当てはまる。おばあちゃんからの積み木の提示に対して「む～」が機械的に「あか！」と答えたのでは、不機嫌でぶっきらぼうな感じがする。本来はモノや機械にすぎない「む～」におばあちゃんが叱られているようにもみえる。しかし逆に、「む～」のモジモジした姿はおばあちゃんに対する優しさとして映るわけである。

一人では何もできないような、思わず手助けしたくなるロボット、そして自分の立場やアイデンティティをいつも他者との関わりに探し求めている私たち。ロボットと私たちの関係は、ある意味で「弱さ」と「弱さ」から生み出される、ソーシャルなカップリングと捉えることができるだろう。

同志としての「む〜」

このカップリングを別の視点から見てみよう。

積み木をかざすという行為と、それに対する応答から立ち現れる意味は、当事者だけが知り得るものだ。この「当事者にとってのオリジナルな意味」を生み出し支え合うという意味で、おばあちゃんと「む〜」は共犯者であるとはいえないか。あるいはその瞬間瞬間において「同志」である、と。

このときのおばあちゃんの目つきは、とても真剣である。このオリジナルな意味に対して、とても貪欲に思える。なかば必死なのだ。

おばあちゃんに限らず、私たちは「他者」との切り結びの中で生じる、生きたコミュニケーションを渇望している。「む〜」との関わりでは、その根源的な欲求にどこまで応えられているのかはわからないが、こうした些細な遊びの中に、私たちは何を欲しているのかが垣間見えてくる。

双方向の、ゆったりと支え合う関係。まったく役立ちそうもないけれど、いないとなんだか寂しいという些細な存在感の交流。「む〜」とおばあちゃんとの関わりを見ていると、これまで自分がなんとなく目指してきたものに、少し近づいてきたような感じがする。

4 「対峙する関係」から「並ぶ関係」へ

積み木は絵本に似ている

「む～」と一緒に子どもたちに積み木遊びをさせてみるという発想は、ちょっとしたきっかけから生まれてきた。

「む～」と子どもとの関わりを観察しようとして、「何かおしゃべりしてよ！」と促してみたけれど、多くの子どもたちは恥ずかしがって、そこで固まってしまった。どのように、そして何について話していいのかわからない。素性のよくわからない相手に言葉をかけるのは、相当に敷居が高いのだろう。

そうしたときに、何かのきっかけで「む～」と子どもの間に積み木を置いてみた。すると、その子どもは「む～」のことを気にしつつも、一人で積み木遊びを始めたのである。

「む～」のことをなかば気にかけながら、さまざまな色の積み木を思い思いに重ねていく。その合間に、手に持った積み木を「む〜」の目の前にかざしてみる。すると「む〜」から「あおにして！」と思いがけずに言葉が返された。ちょっと驚きながら、子どもはしぶしぶと手に持った赤色の積み木を戻して、「む〜」からのリクエストにあった青色の積み木を重ねてみる。今度は「む〜」から、「やっぱりみどり！」という言葉が飛んできた。子どもは「もー」という言葉を口にしながら、その青色の積み木をしぶしぶと引っ込める。

少し慣れてくると、「む〜」の目の前に積み木をかざしながら、積極的に判断を仰ぐようになる。「次はどうする？」「これでいい？」といった具合に。

子どもと養育者との間にある「絵本」が、二人の間をつなぐために大切な働きをするのと同様に、子どもと「む〜」との間にある積み木は、二人の間をつなぐための大切なメディエーターになっている。「積み木をかざす」という行為は、コミュニケーションを構成するとともに、二人の間で「共有世界」を構築するための大切な媒介物なのだ。

ロボットを目の前にして子どもが固まってしまった一つの要因は、この「共有世界」の構築を欠いていたためだったのだ。

「緩やかな共同性」がありがたい

前にも述べたように、挨拶など対面での相互行為は実は賭けを伴う。「おはよう」と話しかけても相手が返事をしてくれるかどうかわからないからだ。同時に、他の人から挨拶をされたとき、こちらには「挨拶を返さなければ」といった応答責任が生まれる。こうして考えてみると、対面での会話では、お互いを強く制約し合うことがわかる。これは「強い共同性」と呼べるものだろう。

一方で「む～」と一緒にする積み木遊びは、子どもにとっては「一人遊び」であると同時に、「む～」との「協同あそび」でもある。その境界は曖昧であり、「む～」からの働きかけがなくとも一人で遊べるが、ときどき「む～」からの提案にも耳を傾けるような、緩やかな関係である。これは「強い共同性」に対して、「緩やかな共同性」と呼ぶことができるだろう。

「む～」と正面から対面していたときに何かためらっていた子どもたちは、この「強い共同性」になじめなかったのかもしれない。しかし、積み木遊びを一人で楽しむのもよし、ときどき「む～」と一緒になって遊ぶのもよし、という選択の余地がある「緩やかな共同性」はありがたい。それは、他者との対面的な相互行為場面のような「強い共同性」に至る前段階として、ひとつの〝足場〟を提供してくれるのではないかと思う。

「並ぶ関係」は相互のなり込みを誘う

積み木を目の前にして、子どもたちが一緒になって遊ぶ。そのときのコミュニケーションの様式は、対面で言葉を交わすのとは様子が違うだろう。もちろん積み木を差し出しながら緩やかな相互行為を組織しているのだけれど、対峙するというより、むしろ積み木に対して並んでいるのだ。積み木を一つひとつ重ねつつも、相手の目線の先を気にしている。自分の行為に対して、その相手はどのように考えているのかと相手の目線の先を追いながら気持ちを探ろうとする。これは「社会的な参照（social referencing）」と呼ばれるものだ。

横に並んだ状態では、お互いに自分の身体を相手に重ねながら、相手の感じていることを自分の身体を媒介に探ろうとする。先に述べた「なり込み」という言葉を使うならば、これは「相互のなり込み」と呼べるだろう。

こうしたコミュニケーションの様式は、日々の生活でもよく経験する。公園などを一緒に散歩するとき、そこで何を話すわけでもないが、なにげなく歩いていると、しだいにお互いの歩調が合ってきて、相手の気持ちも少しずつ伝わってくることがある。この景色の中で相手は今何を思っているのかと、自分の身体で感じていることを手掛かりに探っている。自分の身体を相手に「添わせている」、あるいは「なぞる」「重ねる」など、いろいろな表現が可能だろう。

一緒に絵本を眺めたり、一緒に積み木遊びをしたり、あるいは一緒に会話の場に参加するのも同じだ。対峙するのではなく、同じ側で一緒により添う感じになる。

そのとき二人は、お互いの「違い」を引き出そうとするのではなく、むしろお互いの「同じ」を探り合うモードになっているはずだ。

「じっとしてる」というグラウンディング

誰かと一緒に歩いているとなぜかホッとするのは、今、自分はここを歩いていてもいい、この方向に進んでいてもいいという安心感があるからだ。自分一人で判断するにはおぼつかないことでも、そばで一緒に歩いていてくれると心強い。これも一つのグラウンディングだ。

これは「対峙する関係」で行われているような、「賭けと受け」という拮抗したものとは明らかに違う。一緒に歩くことがお互いの投機的な行為をグラウンドし合う。そこに相づちや何らかの応答はないのだけれど、それぞれの行為を暗黙に肯定し、支え合っている。

積み木をしているときも、「む〜」はその一つひとつの行為をそのそばで肯定してくれている。「並ぶ関係」におけるグラウンディングは、そうした安心感を生み出すようだ。そんなときは、そばでじっとしてくれているだけでいい。

おばあちゃんと「む〜」が縁側に腰をおろしながら、ぼんやりと外を眺めている。おばあちゃんからの「寒うなったなぁ」の語りかけに、「現在の気温はセ氏七度です」との応答が返ってきたら会話はそこで失速してしまうことだろう。「寒うなったなぁ」の言葉にただコクンとうなずいてくれる。縁側でひなたぼっこをするときは、むしろそんなロボットがよく似合う。

メディエーターという〝足場〟

積み木遊びの場面をこの「並ぶ関係」という観点から眺めてみると、意外なところで「媒介物（メディエーター）」が存在していることに気づく。

子どもは、黄色い積み木を「む〜」の目の前にかざす。そのとき、黄色い積み木に対して「む〜」と子どもとは「並ぶ関係」にある。そしてこの積み木は、「む〜」と子どもとをつなぐ一つの媒介物となっている。

「媒介する」という意味では、その遊びの様子を傍らで眺めている養育者の存在も見逃せない。

「あっ、む〜ちゃんが何か言っているよ！」

「あれ、どうしたんだろう。そろそろお休みの時間かな……」

子どもの注意を「む〜」に向けさせ、同時に「む〜」からのレスポンスに適当な解釈を加えながら、子どもと「む〜」の間を上手につないでいる。積み木と同様に子どもと「む〜」をつないでいるわけだが、積み木などの「モノ」と区別する意味で、この養育者の役割を「ソーシャルメディエーター（social mediator）」と呼ぶ。彼らもまた、子どもと「む〜」との関わりを手助けするための〝足場〟を提供している人である。

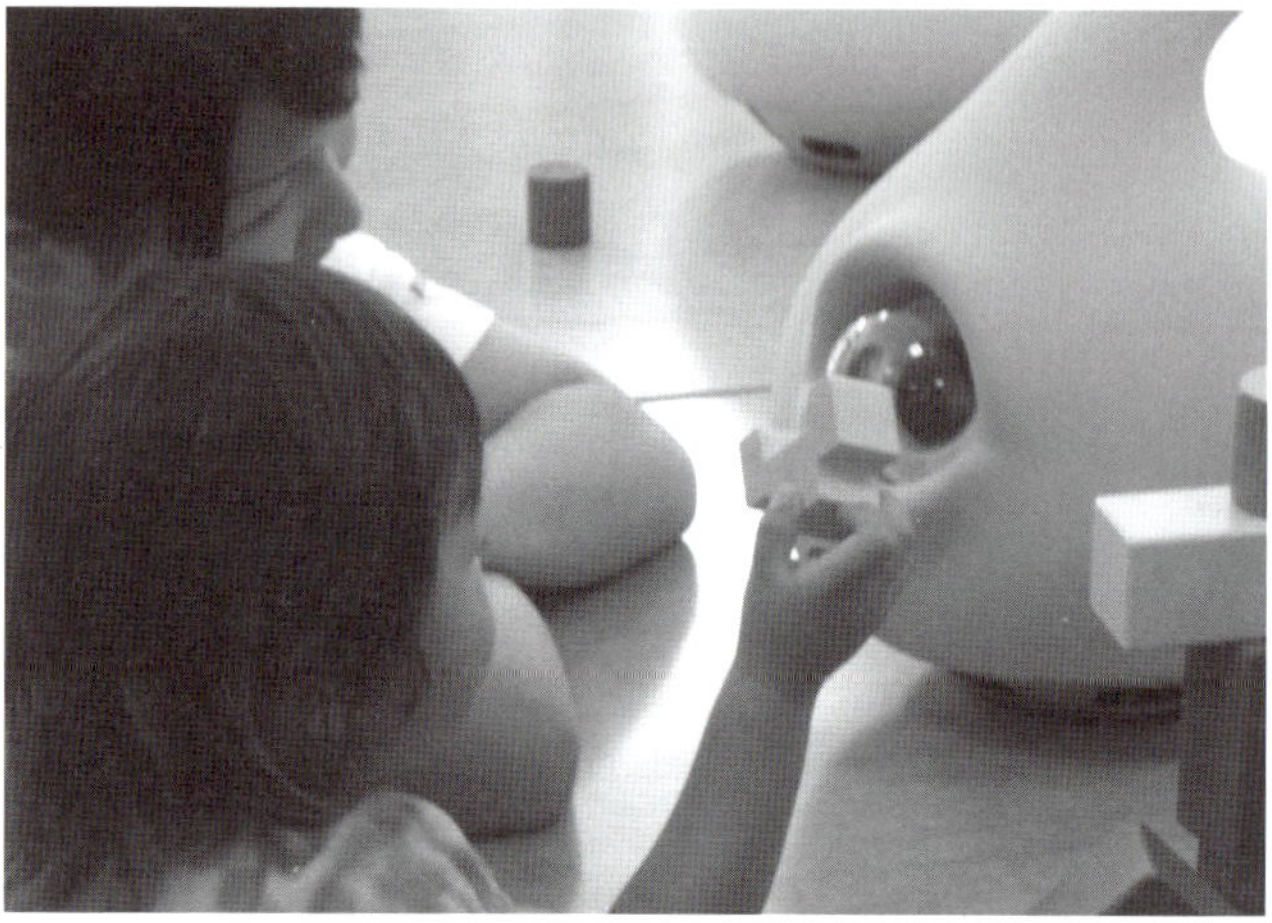

コミュニケーションを媒介するモノ、者

おかあさんと子どもとの間にある「絵本」は、お互いのコミュニケーションにとって、とても大切な媒介物となっている。

この写真の中にも、同様な働きをする媒介物や媒介者がいくつも存在する。さて、いくつリストアップできるだろうか。

もう一度、高齢者福祉施設でのおばあちゃんと「む〜」との積み木遊びの場面に戻ろう。

「む〜ちゃん、この積み木は何色かな？」

それに対して「む〜」がしばらく考え込む。その様子を他の人たちも固唾を飲んで見守る。そして、みんながあきらめたころに返される「む〜」からの意外な反応に一喜一憂する。

ここで立ち現れたオリジナルな意味をみんなで共有する瞬間、ほんの一瞬だが、そこに「介護者」と「要介護者」という立場の違いは消え失せる。みな対等なのだ。

そんな場を生み出している「む〜」は、それを取り囲む人と人との緩やかなつながりを引き出すソーシャルメディエーターとなっているといえるのではないだろうか。家庭の中に新たに登場してきた乳幼児が、閉塞的でもあった家族の間に新たな関係を拓いてくれるように、一つの媒介となって、これまで閉ざされていた人と人との関係をも変容させるのだ。

「む〜」と乳幼児が持つ「弱さ」。ここには、思わず人の関心を引き出したり、お互いをつなぎ合わせるようなちからもあるように思う。

第6章

なんだコイツは?

1 どこかにゴミはないかなぁ

なんだ、コイツは？

愛知県の豊橋市にある子ども未来館。その広場のなかで「ゴミ箱」のような格好をしたロボットがトボトボ歩いている。その姿を見ていたのだろうか、どこからともなく子どもたちが集まってきて「ゴミ箱ロボット」を取り囲み始めた。

はじめは好奇の目でヨタヨタとした歩きやその振る舞いを眺めている。やがて腰をかがめてゴミ箱の中を見る。床に腰を下ろして、ロボットの下をのぞきこむ子どもも現れる。ある子どもは、ロボットを抱きかかえてみたり揺すったりする。行く手を阻んで、なにかいたずらをする。小さく足で蹴ってみる子どもも現れる。

子どもたちにとってそれは、目の前に現れた新奇な対象を特定するための作業なのだろう。この

なんだコイツは？——ゴミ箱ロボット（Sociable Trash Box）

その姿はどう見てもただのゴミ箱なのだけれど、何かいつもと様子が違う。ヨタヨタと、物欲しそうにこちらに近づいてくる。「なんだコイツは？」と、思わず誰もが足を止めてしまう。その様子を遠巻きに見ていた子どもたちも、どこからともなく集まってきた。

繰り返しがしばらく続いた後は、いくつかのパターンに分かれてくる。

一つは、子どもたちの期待を外したのだろうか、少し乱暴にボコッと叩きながら去っていくパターンである。動きの意味があまりにわかりにくいと、子どもたちの攻撃の対象になることが多いのだ。ゴミ箱ロボットに限らず、「む〜」などもそうした攻撃の対象になることがある。「なんだよ、たいしたことないじゃないか！」「期待を外しやがって！」という感じなのだろう。キョロキョロとかわいい動きをしているとき、子どもたちはロボットをとても大切なものとして扱ってくれるけれど、うまく関わりを持てなかったときなどは、決まったようにちょっと小突くようにして去っていくのである。

これらは期待とのギャップを埋めるための儀式なのだろうか。それとも自分の立場を誇示するための振る舞いなのか。そんなときにこのロボットたちは、子どもたちからモノ以下としての烙印を押されてしまう。

「人らしさ」を醸し出すもの

一方で、「どこかにゴミはないのかなぁ」というゴミ箱ロボットの思いが子どもたちに伝わることもある。

ゴミ箱ロボットの気持ちを感じとったのだろう、子どもは手にしていたアイスクリームの袋や空になったカップを投げ入れたり、綿菓子の空き袋をゴミ箱ロボットに投げ入れたりする。そして反応を待つ。

このゴミ箱ロボットは、ゴミを入れてもらうとセンサーが感知して、ほんの小さく会釈をする。ロボットのこの仕草を、ゴミを入れてくれたことに対する「お礼」として感じているかどうかはまだわからないが、そんな振る舞いに一度気づくと、子どもたちはゴミ箱からゴミを取り出し何度も投げ入れてみる。

そうした関わりの中で、しだいに「生き物らしさ」のようなものを感じるのだろう。子どもたちはゴミ箱ロボットに寄り添うようにして、その場でいつまでも遊んでいる。ある子どもは自分の子分を引き連れるかのように、ロボットの進行に合わせて一緒に行動する。そして、倒れたり人にぶつからないように見守ってあげる。

そんなときの子どもたちの表情は穏やかである。また、子どもたちに囲まれているときのゴミ箱ロボットは、うれしそうにも見える。

発達心理学者のケイは言う。

「子どもはその周囲から人として扱われることで、人になっていくのだ（Human babies become human beings because they are treated as if they already were human beings.）」

ゴミ箱ロボットはヒトの子どもにはなれないけれど、子どもたちに取り囲まれているときには「人らしさ」のようなものが備わってくる。同時に、このロボットに寄り添って歩く子どもたちに、優しさを感じてしまう。

2 「ゴミ箱ロボット」の誕生

知られざる「ダンボー」

「む〜」のデザインや枠組みから少し離れたロボットを新たに考えようとしていたときに、小さな段ボールの空き箱がたまたま目に入った。「む〜」のソフトウェアを開発する際に、その調整作業を行うためにCPUボードという小さなコンピュータがむき出しになって段ボール箱の中に入っていたのだ。そこからキーボードやマウスのケーブルが外に延びており、箱そのものがロボットのように見えたのである。

「段ボール箱でロボットが作れないだろうか……」

目も鼻も、手足もない、ただ物音や人の声を聞きつけゴソゴソと動くだけ。それは究極のミニマルデザインになるのではないか。

ちょうど、「ソーシャルな存在とは何だろうか」「ロボットはソーシャルな存在になれるのか」と考えていたころでもあった。先にも述べたように、ロボットの「人らしさ」や「ソーシャルな側面」について考えるときに、必ずしもヒトの姿をしている必要はない。むしろ「人のソーシャルな側面はその顔や姿から生まれてくる」というようにミスリードしてしまう危うさを伴う。ならば、私たちヒトの姿からはもっとも遠い「段ボール箱」のほうが「人らしさ」について議論しやすいのではないのか。そう考えて作ったロボットが、その名も「ダンボー」［★1］。

アイディアはよかったのだけれど、残念ながらダンボーは、その後の大きな仕事にはなっていない。段ボールの形をしたロボットがゴソゴソと動くのだけれど、あまりに抽象的すぎて、子どもたちとのインタラクションのシナリオがうまく描けなかったのである。

「ゴミ箱ロボット」というアイディア

なにかの拍子で、このダンボーのイメージは「段ボール箱」から「ゴミ箱」にシフトし、それはいつの間にか「ゴミ箱ロボット」になっていった。段ボールの形をしたロボットがゴソゴソと動くところまでは、ダンボーのそれと何も変わらない。

★1　世の中には同じようなことを考える人はいるもので、同名の「ダンボー」という段ボールをモチーフにしたロボットは、ある漫画をきっかけに一つのキャラクターとして商品化されている。ここでダンボーの議論をしていた時期からちょうど五～六年後のことである。

これを公共の広場に置いたらどうか。

「ゴミ箱の姿をしたロボットが公共の広場をトボトボと歩いている。そこでゴミを見つけるのだけれど、自分では拾うに拾えない。なぜなら、ゴミを拾うための手や腕を欠いているからだ。あたりを見回しながら、手を貸してくれそうな子どもたちを探す。するとその様子を遠くから見ていた一人の子どもが駆け寄ってきて、ゴミを拾ってくれた。そしてゴミ箱ロボットからのお礼に気づく間もなく、その子どもは何事もなかったように去っていく……」

そんなシナリオが思い浮かんできた。

一人ではゴミを拾い集められないけれど、子どものアシストを上手に引き出しながら、結果としてゴミを拾い集めてしまうロボット——これまで漠然と考えてきた「一人では何もできないロボット」「他力本願なロボット」のイメージをより具体化するものとなった。

ゴミ箱ロボットがいつも駅の構内をトボトボと歩いていると、そこに毎日ゴミを届けてくれるおじさんが現れないとも限らない。あるいは、ゴミ箱ロボットが構内の側溝などに足を踏み外してもがいているときに、誰ともなく走り寄ってきて助けてあげる。そうした状況が生まれてもおもしろい。

ゴミを拾い集める二つの方法

あらためて考えてみると、「ゴミを拾い集める」には二つの方略がありそうに思えた。

一つは、あらためて言うまでもないけれど、「自分自身でゴミを拾う」というもの。そのためには、どのようにゴミを見つけ出すか（＝センサーや画像処理技術）、どのようにつまみ上げるのか（＝アームの機構設計、制御技術）、どのように最適経路を見出してゴミ箱までゴミを運ぶのか（＝経路に関するプランニング）などの技術的な検討が必要になる。「燃えるゴミと燃えないゴミをどのようにして分別するのか」「ゴミを上手につまみ上げるためにアームを構成する関節の自由度はいくつ必要になるのか」等々、多くのロボット研究で議論されてきたテーマでもある。

そのロボットの姿はどのようなものとなるだろう。与えられた作業を黙々とこなしている寡黙なロボット。あるいは私たちの存在を意識することもないロボットだろうか（いや、作業を妨げる障害物の一つとして私たちを意識してくれるかもしれない）。

私たちのロボットに対するイメージとは、ある意味でこのようなものなのだけれど、それでは従来の「作業機械」に対するものとあまり変わらない。ソーシャルな存在からはほど遠いのだ。

もう一つの方略は、「ゴミを上手につまみ上げることができないのなら、誰かに拾ってもらえばいいじゃないか」という、例の捨て鉢ともいえる他力本願な発想である。子どもたちから上手にアシストを引き出せるなら、結果としてゴミを拾い集めることができる。ポイントは「子どもたちに囲まれながら」、そして「一緒に！」である。

燃えるゴミなのか、燃えないゴミなのか、それをどのように分別するのか。「すべての課題を自分の中だけで解決しなければ」というこだわりをあきらめてみれば、気持ちも軽くなっていく。つまりこう思えてくるのである。

「そんなことは、そばにいる子どもたちに分別してもらったほうが早いのではないのか」と。

拾うスキルからソーシャルスキルへ

ここで課題は、「いかにして子どもたちからのアシストを引き出すのか、いかにゴミ箱ロボットの気持ちを子どもたちに察してもらうか」に移ってくる。

それをロボットの知性として捉えると、ゴミをセンサーで見つけること以上に高度なものともいえる。他者を社会的な道具として使うような「ソーシャルなスキル」なのだから。

実はこれは霊長類の社会的環境への適応に関する議論からは、「マキャベリ的な知性」とも呼ばれている。他者の意図を巧みに操作するような技をも含んだ、集団生活を営むために発達してきたソーシャルなスキルのことである。ゴミ箱ロボットの「内なる視点」から見れば、他者をも自分の身体の一部にしてしまうような「マキャベリ的な知性を備えたゴミ箱ロボット」となり、これはこれでなかなか興味深いテーマである。

このゴミ箱ロボットを手掛かりとして、一人で黙々と作業をこなすロボットから、いつも他者を志向し、他者から予定される、いわゆるソーシャルなロボットのイメージが具体的な姿となって見えてきた。

これはロボット？

「これはロボットなのですか？」

ロボット技術や制御理論を専門とする技術者から見ると、他力本願なゴミ箱ロボットの発想は容易には受け入れがたいものなのかもしれない。「ゴミを子どもたちに拾ってもらうなら、普通のゴミ箱でも一緒でしょ！」と、ちょっと油断したらすぐにロボットの定義からもはみ出してしまう。

余談になるのだけれど、このゴミ箱ロボットの企画は、しばらく前に愛知県で開催された「愛・地球博」に、次世代ロボット開発の一環として提案したことがある。けれど、プロポーザルを審査していた当時のロボットの専門家からは相手にされなかったようだ。ヒアリングでの審査を待っていたけれど、書類審査の段階であえなくボツになっていたのである。

「これは、公共の広場などで動き回り、子どもたちからいつも親しまれながら、子どもたちにゴミを拾ってもらうことを喜びとするようなロボットを実現するものである。持続可能な社会における新たなモノ作りを考えるうえで、一つのパイロットモデルとして機能するのではないか……」

懸命にプロポーザルを書いたけれど、あまりに力みすぎて、その思いは通じなかったのかもしれない。

ちなみに、この「一人では何もできない」「いつも他者を予定する」ことを特徴とするロボットや、「引き算のなかで生まれる機能」という発想は、特許を申請するときなども、いつも手伝っていただく弁理士さんを悩ませるものだ。

「このモジュールとこのモジュールを組み合わせると、これまでになかった新たな機能が生まれる」というように、特許の申請ではこうした「足し算」での技術提案のスタイルが一般的である。他者を巻き込みながら目的を実現していく、つまり「他者からの助けがないと完結しないシステム」というのは、新たな発明や技術としては認めにくいものなのだ［★2］。

子どもたちと共同して、「結果として」ゴミを拾い集めるロボット、他者からの手助けがあってはじめて機能を完結できるロボット、これらのアイディアはどうしたら説得力のあるものとなるのか。そんなことをしばらく考えることとなった。

「設計的な構え」から「志向的な構え」へ

子どもたちからアシストを上手に引き出す前提として、ゴミ箱ロボットにはなんらかの意思があることを子どもたちに察してもらう必要がある。認知哲学者のダニエル・デネットのいう「志向的な構え（intentional stance）」に関する議論を手掛かりに、このことについてもう少し詳しく考えてみたい。

私たちはたとえば目の前にゴロンとゴミ箱が倒れていても、「あっ、疲れているから横になっているのか」とは考えないで、「あぁ、これは先ほど子どもたちが走ってきてぶつかったんだな。それで倒れているんだな」という解釈をすることだろう。では空き缶回収機や缶ジュースの自動販売機の場合はどうだろう。空き缶を投入すると、お返しとして五円玉が出てきたら、「そのように設計されたものだから、五円玉が出てきたんだな」と解釈する。

このように、倒れたゴミ箱に対する説明を「物理的な構え」と呼び、空き缶回収機の動作に対する解釈を「設計的な構え」と呼ぶ。

他方で、路上を歩く犬をながめるときなどは、少し様子が違う。「ゼンマイ仕掛け」のようなもので動いているとは思わないで、その動きに目的や意図を読み込むだろう。「道に迷ったのかなぁ、それとも誰かに追いかけられているのだろうか」「子どもたちが餌を待っているのかな、それで急いでいるんだろうか」と。デネットは、こうした帰属傾向を「物理的な構え」や「設計的な構え」に対して、「志向的な構え」と呼んでいる［★3］。

では、ロボットに対する私たちの構えは、どのようなものになるだろう。アシモの立ち居振る舞いに対して、子どもたちはドキドキしながら「どこに向かおうとするのか、何を考えているのか」

★2　幸いなことにこのゴミ箱ロボットの特許は、念願かなって二〇一〇年七月に成立し、正式に登録された。特許庁がこのアイディアを一つの技術として認めてくれたということになる。

と、「志向的な構え」をとることだろう。ホンダの技術者たちはその背後で、「さっき修正したプログラムはちゃんと動いてくれるかな」と「設計的な構え」をとりながらハラハラしているのかもしれない。もし階段を踏み外してゴロゴロと転がったとしたら、夢から覚めるように「物理的な構え」に引き戻されることもあるだろう。「ロボットといえども、重力には逆らえないものなんだよな」と。

ゴミ箱ロボットの意思を子どもたちに察してもらうためには、まず「あれ、どうしたんだろう。何か困っていることでもあるのかな」と、子どもたちの「志向的な構え」を借りる必要がある。

★3　一二三頁の「サイモンの蟻」の話では、蟻の残した複雑な足跡の背後にある要因を蟻の内部構造に帰属させて考えやすいこと、そしてこの帰属傾向によって、私たちは個体能力主義的な考えに陥りやすいことを指摘した。しかしそれは見方を変えれば、個体能力主義的に考えるからこそ私たちは「志向的な構え」をとれるともいえる。そしてこの性質こそが、日々のコミュニケーションの基底を支える要素でもあるのだ。

3 ロボットとの社会的な距離

心は見えないけれど

果たして、思わず人を引き寄せてしまうような「場」の存在は、私たちの目で確認できるものなのだろうか。たとえば磁石などの周りに生じる「磁場」の存在は、その磁石で砂鉄などを集めれば、磁力線に沿うようにして砂鉄の模様が生じるから目で確認できる。では、ゴミ箱ロボットの生み出す「場」については、どうなのだろう。

ATRから離れ現在の勤務校に職場を移したころから、ゴミ箱ロボットに対する研究は概念的な議論だけはなくなってきた。実際にゴミ箱ロボットを子どもたちの集まるフィールドで動かし、子どもたちの振る舞いを少し離れたところからビデオに録画して観察してみると、興味深いことがわかった。

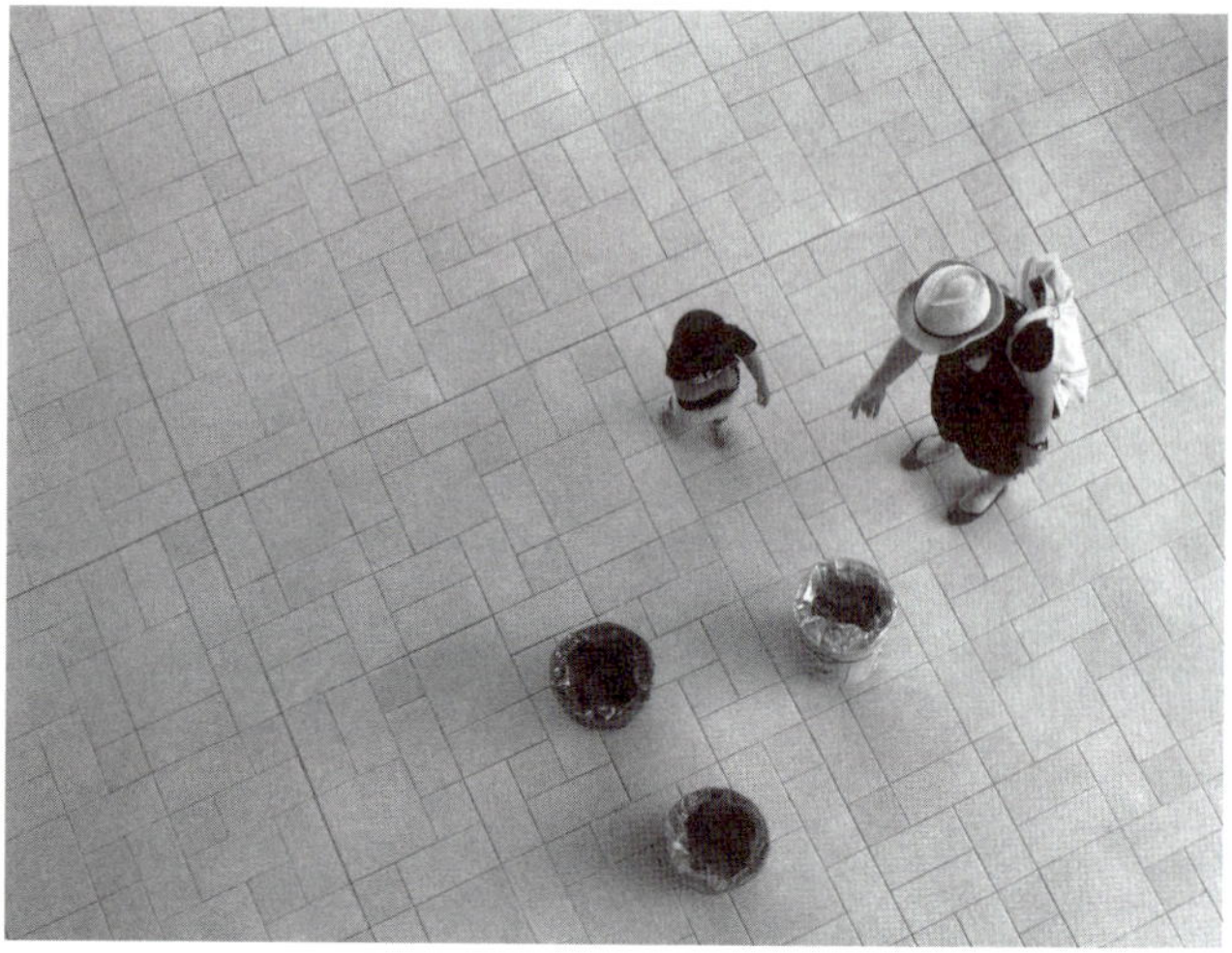

鳥瞰的な視点から

公共広場の天井から、ゴミ箱ロボットと親子との関わりを眺めてみる。

静止した状態では、このゴミ箱ロボットたちが意識されることはほとんどない。そのまま人々は通り過ぎていくだけだ。

ところがゴミ箱ロボットたちが動き出すと状況は一変する。子どもたちが取り囲み、他者の侵入を阻むような一種の社会空間が立ち現れる。

故障でもしていたのだろうか、それともバッテリーが切れていたのだろうか、ゴミ箱ロボットがポツンとしたまま動かない。そうした状況にあっては、ゴミ箱ロボットはただの「ゴミ箱」である。子どもたちは何事もなかったようにそこを通り過ぎるだけだ。その様子を録画したビデオを高速再生してみると、どの子どもの進路もほとんどまっすぐである。その存在は進路にほとんど影響を与えることはない。

しばらくするとゴミ箱ロボットがトボトボと動き出す。すると、ゴミ箱ロボットのそばを通り過ぎるときの子どもたちの軌道は一変する。何かに引きつけられるようにカーブを描き、ゴミ箱ロボットの周りにしばらく停留しつつ、またそこを離れていく。

そうした足跡をいくつも重ねて見ると、そこに磁力線でも存在するかのように、ある「場」に引き寄せられる様子が目で確認できるのである。

このとき、子どもたちと大人たちのカーブは違ったものとなる。大人たちはその存在をやや気にしつつもそそくさと通り過ぎることが多いのだけれど、子どもたちは停留する頻度が増え、その時間も長くなる。ゴミ箱ロボットを「設計的な構え」で捉えるのか、それとも「志向的な構え」で捉えるのかの違いが現れているのかもしれない。

まだ詳細な分析は進んではいないのだけれど、対象に対する構えの違いが、「場」に引き寄せられるパターンの違いとなって現れるとすれば、ソーシャルな存在としてのロボットを考える一つの手掛かりとなる。子どもたちがゴミ箱ロボットをどのような存在として捉えているのかを可視化できるのである。しばらく前にＣＭにも登場していた言葉を借りれば、「心は誰にも見えないけれど、心づかいは見える」ということだ。

並ぶ関係になると距離が縮まる

「パーソナルスペース」とか「近接空間学（proxemics）」という言葉を生み出した文化人類学者のエドワード・ホールによれば、人はさまざまな関わりの場面に応じて、いくつかのタイプの対人距離を意識するのだという。見知らぬ人に不用意に近づかれると警戒心を持ってしまう一方で、あまり離れすぎると知り合いとの間でも話しにくい。つまり、その状況に合わせた最適な対人距離が存在するという。

ロボットと子どもたちとの間でも、そのインタラクションのタイプにあわせた一種のパーソナルスペースが存在する［★4］。

「なんだ、コイツは？」という雰囲気で、ゴミ箱ロボットの様子を三～五メートルくらい離れて観察している状況は、ホールのいう〈公衆距離〉に相当するものだろう。しばらくすると、もう少し近づいてきてロボットにいたずらを始める。このときには一～二メートル程度の〈社会距離〉をとることが多い。

この距離では、いたずらをしてはそのロボットからの反応を確かめるように、対峙した関係で「賭けと受け」との関わりを楽しんでいる。相手とのソーシャルなカップリングの可能性を探っているのだろう。そうした関わりを経て、相手の素性がわかってくると「対峙する関係」から「並ぶ関係」に移行してくる。一緒に歩くのを楽しんでいるかのように、である。その間の距離は一メートル程度の〈個体距離〉、さらには五〇センチメートル以内の〈密接距離〉となるようだ。

このように心理的な距離の変化によって、「対峙する関係」から「並ぶ関係」へと、他者を理解し合うモードも変化してくる。この関わり方の変化によって、子どもたちはロボットをどのような存在として捉えているのかを推し量ることができるのだ。

一目置かれるロボットコミュニティ

ゴミ箱ロボットが「ゴミを拾い集めるロボット」として機能するためには、子どもたちのアシストを必要とするが、ロボットから「いつも期待されている」という関係は少し窮屈だ。ときどきならそうした関わりもいいけれど、いつもだとうっとうしい。かといって一人ぽつんと佇《たたず》んでいるのも寂しそうだ。

★4　ホールは、人と人との間に生じる対人距離を、密接距離（〇・四五メートル）、個体距離（〇・四五～一・二メートル）、社会距離（一・二～三・六メートル）、公衆距離（三・六メートル～）の四つに分類している。ただし、子どもとゴミ箱ロボットとの間では、その再定義が必要だろう。

こうした議論の中から、「群れをなすゴミ箱ロボット」というアイディアが生まれてきた。ゴミ箱ロボットがいつもポツンとしている姿が寂しいならば、群れを作ったらどうか。ゴミ箱ロボットからなる〝小さなコミュニティ〟を作ったらどうか、というわけである。

ゴミ箱ロボットたちが群れをなして、施設内の広場をつかず離れず歩いている。このロボットの群れに一人の子どもが近づき、近くに落ちているゴミを拾ってあげる。ロボットたちはしばらくその子どもを取り囲むものの、その子が去っていくと、また群れをなしてトボトボ歩き出す。

この群れをなすゴミ箱ロボットに対する、子どもたちの反応は意外なものだった。

いつもの施設の広場でゴミ箱ロボットたちが群れをなして歩いていると、なにか堂々として見える。つかず離れずに歩いていると、「みんなでゴミでも探しているのかなぁ」と、そのゴミ箱ロボットたちの思いも周りの人によく伝わってくるし、ポツンと一つでいるときに比べて存在感が増している。広場の中で、この異質なゴミ箱ロボットの集団は周囲の人の注目も集めやすい。

一方で、それを眺める子どもたちはどうだろうか。躊躇しているのだろうか、このゴミ箱ロボットたちから少し距離を置いている。ゴミ箱ロボットの群れは、そこになかなか足を踏み入れにくいような一つの空間を作り出しているのだ。一つのコミュニティを成していると言ってもよい。

社会学でも指摘されているとおり、三人程度で立ち話をしているとき、そこには他人を寄せ付けないような特別な空間領域（「社会空間」と呼ばれることがある）が存在する。子どもたちは、ゴミ箱ロボットたちをソーシャルな存在として認めているからだろうか、なかなかその群れの中に入り込みにくい。興味深いことには、ゴミ箱ロボットを乱暴に扱う子どもや、それを蹴って遊ぶ子どもたちも少なくなる。

子どもたちがゴミ箱ロボットを仲間の一人として従えるという関係から、ロボットのコミュニティの中に仲間の一人として加えさせてもらう関係へと、子どもとロボットの間で力関係が逆転してしまったのだ。これこそ、「みんなで渡れば怖くない」といった〝群れ〟のなせるワザである。この間までただの「ゴミ箱」だったはずなのに、いつの間にかみんなから一目置かれる存在になってしまった。その変容ぶりに感じ入ってしまう。

関係性をデザインする

このように、ゴミ箱ロボットが群れを作ることで、私たちとの関係は少し変化してくる。「他者を予定しつつ、他者から予定される」という、相互的な関係はもう少し緩やかになり、さまざまな選択肢が出てくる。ゴミ箱ロボットの群れに入ってゴミを拾ってあげるという形で積極的にコミュニティに参加してもいいし、傍観者としてただ眺めていてもよい。そこに参加の自由度のようなものが生まれてくるのだ。応答責任によって私たちの行動が常時制約されるような煩わしさから解放される。これは先に「緩やかな共同性」と呼んだものだ。

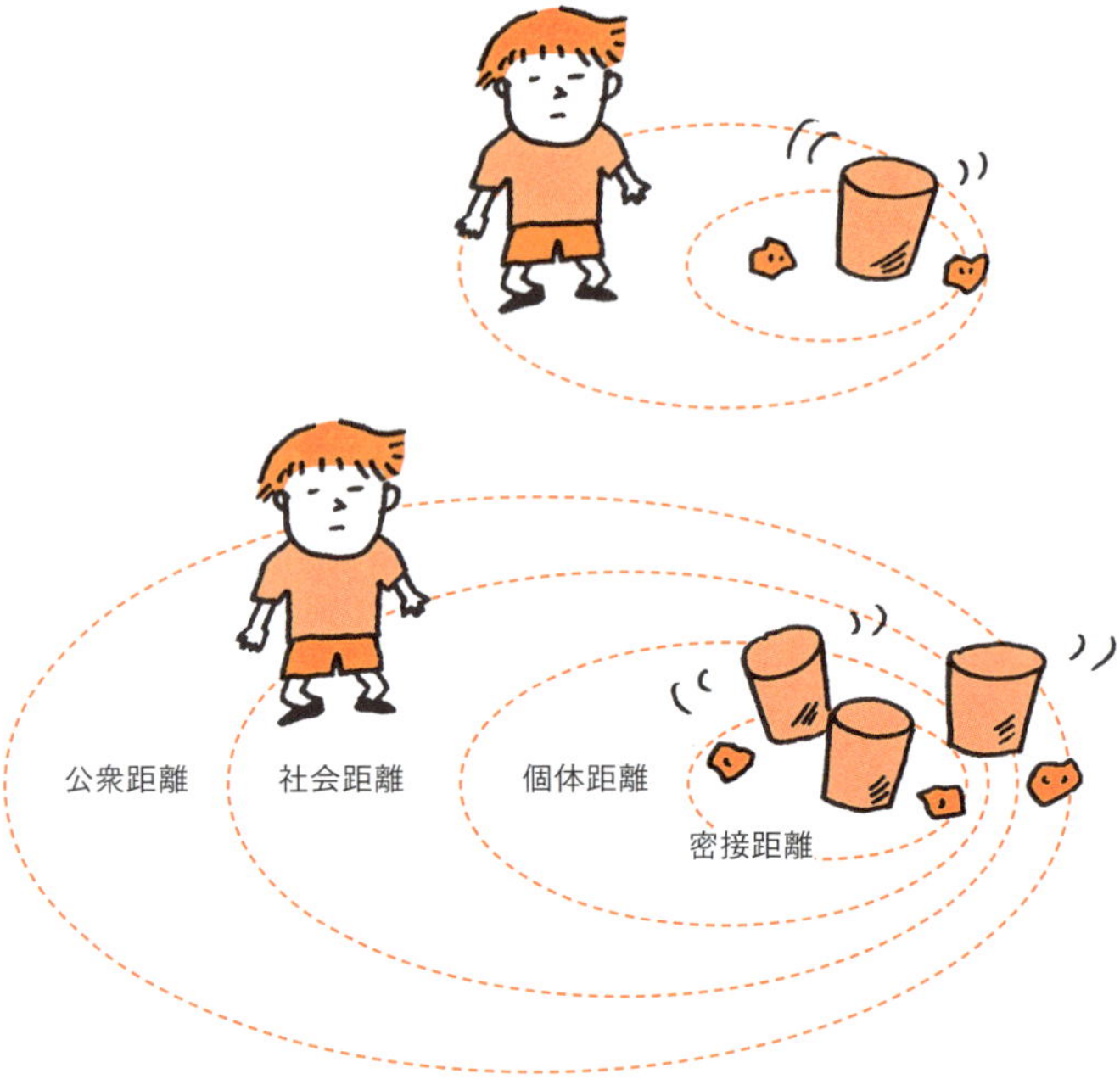

ロボットのコミュニティ

ゴミ箱ロボットが集団になると、子どもは少し距離をとるようになる。

その一方で、先述したとおり、ロボットが群れをなした状態では、子どもたちとの関わりを引き出しにくくなる。子どもたちからのアシストを引き出すためには、少し群れを崩すなどして、コミュニティとしての強さを調整する必要があるのだろう。

実際のフィールドにおいて、ロボットと子どもたちとの関係を上手にデザインすることはなかなか難しいが、ロボットと子どもとの社会的な関係性の「デザイン可能性」に目を向けるという発想自体は間違いではなさそうだ。ロボットを単独で広場に置いてみたり群れを作ったりなど、さまざまな仕方で関係性をデザインして、そこで生じる現象を観察し、背後にある原理を探る。このように、単なる参与観察とも違う新たなフィールドワークの可能性も生まれてきた。

4 学びにおける双対な関係

「発達の最近接領域」とは

発達研究の視点は今、子どもの個々の能力にではなく、むしろ養育者との関わりの中で立ち現れるちからや、子どもたちを取り囲む養育者の関わり方そのものに向けられているという。その意味で、「この子どもは○○することができる／できない」というように、能力や障害を子どもたちに一方的に帰属させるような議論は避けられつつある。

一人では上手に遊べない子どもたちも、周囲の豊かな意味づけやアシストに支えられれば、一緒に遊びを構成できる。また、十分にサポートフルな環境では、子どもたちの障害は障害ではなくなる。もう少し正確にいえば、障害と呼ばれていたものはその関わりの中に隠れてしまう。

本書では、「一人では何もできない」ロボットである「む〜」や、ゴミ箱ロボットに当てはめながら、これらのことを議論してきた。

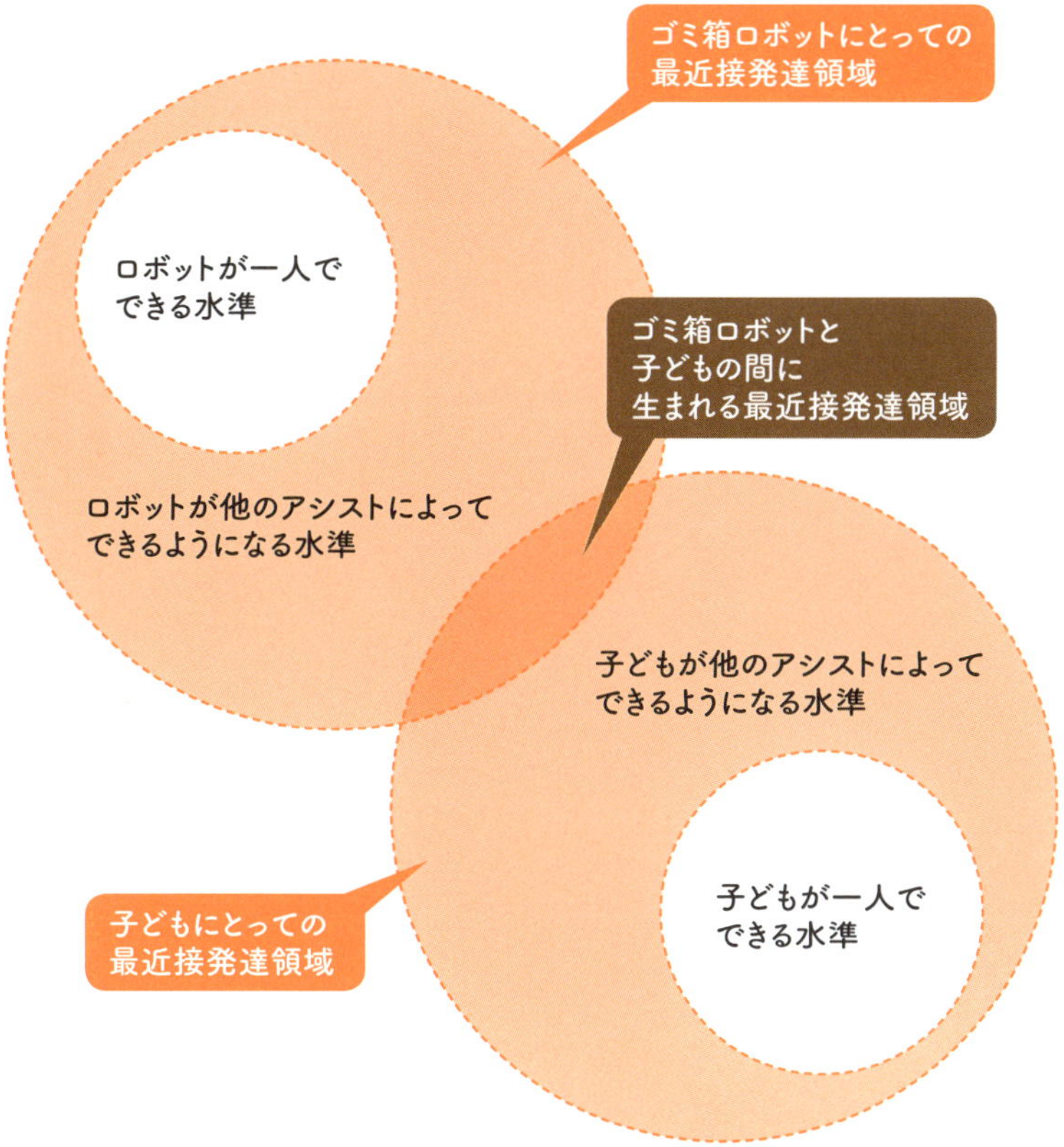

学びにおける双対な関係

ゴミ箱ロボットは子どものアシストを引き出しながら、ゴミを拾うという新たなワザを見出す。同時に子どもは、ゴミ箱ロボットとの共同の中で、ゴミを拾い集めることの喜びを見出す。共同の中での学びには、こうした双対な関係がある。お互いの最近接発達領域の一部をシェアし合うのだ。

ロシアの心理学者ヴィゴツキーは，子どもたちの発達プロセスを捉えるうえで「誰からのアシストも受けず一人でできる水準」と「他者からのアシストの下で，はじめてできる水準」の存在に着目した。後者の「他者からのアシストの下で，はじめてできる水準」とは，近い将来，一人でもできるようになる発達の潜在領域を示すもので，いわゆる「発達の最近接領域（Zone of Proximal Development; ZPD）」と呼ばれている。

ロボット研究の多くは，前者の「一人で何でもできてしまう，自律的なロボット」を目指してきたといえる。しかし，ゴミ箱ロボットや「む～」などの他力本願なロボットたちは「一人では何もできない，でも誰かのアシストがあればできる」，すなわち発達の最近接領域で機能するロボットを目指してきたといえるだろう。

共に発達する子どもとロボット

一人ではできなかった「ゴミを拾い集める」ことを，子どもたちの助けを借りながら，たまたま実現できた。そうした経験を重ねながらゴミ箱ロボットは，子どもたちのアシストを受けるためのコツやワザを見出していく。他との関わりの中で生まれたちからを発見し，それを自分のワザとして引き取っていく方略である。

ロボットを作るという立場からは，その関心はまず，どうしたら子どもたちの関心を引きつけ，アシストを引き出せるのかに向かう。それができたら次に、その関わりの中で立ち現れた「能力」をゴミ箱ロボットがどのように認識し、実装していくのかに関心は移るというわけだ。

そのとき、ロボットに向けた関心を、子どもたちの学びのプロセスに向けてみてもおもしろい。たとえば、一人では片付けようとしない子ども、一人では片付けることに喜びを見出せなかった子どもが、ゴミ箱ロボットとの関わりを通して、一緒に片付けることの楽しさを見出せたのならどうだろう。ロボットとの関わりが、他者と共同して何かを達成することのおもしろさを見出すような足場となるなら、十分に意味のあることだろう。

ゴミ箱ロボットが子どもとの関わりの中で他者にアシストしてもらうスキルを見出す一方で、子どもたちもゴミ箱ロボットとの関わりを通して、他者と共同することの楽しさを見出していく。発達や学びの場における子どもとロボットとの双対な関係は、「一人では何もできない」ゴミ箱ロボットだったから生み出せたものである。

子どもとの関わりの中で生じるゴミ箱ロボットにとっての最近接発達領域は、同時に、子どもたちにとっての最近接発達領域でもあるのだ。

ゴミ箱ロボットの「指差し」

ゴミ箱ロボットの進化した先は、どのようなものとなるだろう。唐突ではあるけれど、ゴミ箱ロボットに、新たな一本の腕が備わるような状況を考えてみたい。以下の話は、まだ試みの途上にあるもので、フィクションの域を出ていない。

新しい腕と手を得た新生ゴミ箱ロボットが、なにかうれしそうにいつもの広場を歩いている。近くを歩く子どもたちに対して、その新しい手を振って愛嬌をふりまいている。

しばらくするとゴミ箱ロボットは目の前にゴミが落ちているのに気づいた。早速それをつまみ上げようと、自分の腕を恐る恐る差し出してみる。しかし残念なことに上手につかむことはできない。床に指先がコツンとぶつかるだけで、ゴミを指ではさむことができないのだ。もう少し柔軟で粘着質のあるゴムのような指先であれば、上手につまみ上げることもできたのだろうに……。

四苦八苦しながら何度か繰り返していると、様子に気づいた子どもたちが近づいてきて、親切にもそのゴミを拾い、ロボットに手渡してくれた。それでようやくゴミ箱ロボットはゴミを拾い上げることができた。

そうしたことが何度か続いたころだろうか。そのゴミ箱ロボットは、ゴミに手を伸ばして、拾い上げようとはしなくなる。子どもたちを見つけると、子どもたちに視線を向けながら、ゴミのほうに手を伸ばす。それだけでゴミを拾ってもらえることを発見したのだ。こうした経験を境に、「ゴミを拾いたい」との素振りを見せつつも、その指の形は「指差し」へと変化している。

乳幼児などが指差しという行為を見出すのは、このような養育者の媒介によって達成されるものなのではないのか。まさにヴィゴツキーが指摘したことである。この繰り返しの中で、指差しは「ビビー」という喃語《なんご》のような声を伴い、やがて「アレ！」といった指示語に変化していくのかもしれない。乳幼児がしだいに「指差し」や「指示語」の意味を見出すように、ゴミ箱ロボットの成長の先に、そのようなことがあってもいい。

そんなに急がなくとも

こうして、ゴミ箱ロボットの発達のプロセスを思い描いてみたのだけれど、いろいろな感想を持たれることだろう。

ロボットを開発する立場で考えると、指差しの例のように、子どもたちの発達プロセスをロボットの発達プロセスに置き換えるのは興味深い。たやすく実現できるものでもないのだけれど、一つの研究の流れとしては、確かにそこを向いている。

しかし実際の場面を思い浮かべてみると、ゴミ箱ロボットから指図されているようで、少し薄気味悪い。そこまでゴミ箱ロボットに強くなってもらいたくはないということだろうか。「一人では何もできないロボット」の人らしさを追求しているはずなのに、むしろ逆行しているようにも思える。

そんなに急ぐ必要はないのではないか？

まだ「弱いままのロボット」でいいのではないか？

他者を支えつつ、同時に支えられる関係のままでいいんじゃない？
そんな声も聞こえてくるのだ。

5 ロボット――「コト」を生み出すデバイスとして

モノより思い出

ずいぶん前のクルマのコマーシャルのコピーに、「モノより思い出」というのがあった。「モノ」は実体を伴い、自分の目で確認できるから人にも説明しやすい。ところが思い出のような「コト」は目に見えにくく、他の人に説明することも難しい。

話し手から聞き手へのメッセージがどのような言語表現であり、どのような構造や機能を備えているのかというようなことは、「モノ」的なアプローチで知ることができる。しかしコミュニケーションには、これに加えて「コト」的な側面がある。

こちらに近づく相手に向かって挨拶をしたにもかかわらず、その相手が何事もないように通り過ぎてしまうと、こちらの「おはよう」の意味は宙に浮いてしまい、なんとも落ち着かない気持ちになる。逆に相手から挨拶をされると私たちは、思わず応答責任を感じて、ここでもまた落ち着かない気持ちになる。本書の中で何度も見てきた事態である。

こうした感覚は、メッセージを「モノ」として扱うだけではなく、拮抗した「場」や関係性から生じる「コト」としてコミュニケーションを扱わない限りうまく把握することができないだろう。

そこで実際に「コト」をリアルタイムに生み出しながら、その背後にあるコミュニケーションの原理を探ってみたい。こうした思いに後押しされて、「コミュニケーション研究にロボットを使う」という発想が生まれてきたのである。

「不定さ」という宝

トボトボ歩くゴミ箱ロボットを目にして、思わずゴミを拾ってあげたくなる。あるいはゴミ箱ロボットの群れに対して、他人を寄せ付けないような何かを感じてしまう。他者との関係の中で「コト」を生み出すとは、たとえばこのようなことだろう。それは私の「不定さを備えた身体」と他者の「不定さを備えた身体」との間に生み出されるものでもある。

ロボットを使ったコミュニケーション研究をしたいと思いつつもその理由をなかなか整理できずにいたのだけれど、今から思えば、私たちの「身体」との間で「コト」を生み出すような、そういうユニークなデバイスとしてのロボットを私は求めていたのだろう。

「他者を予定しつつ他者に予定される」という相互行為のメカニズムを、参与者の内側に入り込んで観察する。あるいはそこから行為を繰り出してみて、他者との相互行為の組織化の様相にリアルタイムに立ち会う。

——試みはまだ途上にあるのだけれど、これらのことを可能にしてくれる「弱いロボット」は、これまで以上に大切なものとなってきたのである。

第1章

岡田美智男［1995］『口ごもるコンピュータ』情報処理学会編 情報フロンティアシリーズ9、共立出版。

Flanagan,J.L.［1972］Voices of Men and Machines, *J. Acoust. Soc. Amer.*, 51, pp.1375-1387.

岡田美智男［1992］聞き耳をたてるコンピュータ、竹内郁雄編『AI奇想曲』NTT出版、四四–五七頁。

Levelt,W.［1989］*Speaking, From Intention to Articulation*, The MIT Press.

堀内靖雄、中野有紀子、小磯花絵、石崎雅人、鈴木浩之、岡田美智男、仲真紀子、土屋俊、市川熹［1999］「日本語地図課題対話コーパスの設計と特徴」、『人工知能学会誌』一四巻二号、二六一–二七二頁。

Mehan,H.［1979］*Learning Lessons: Social Organization in the Classroom*, Harvard University Press.

Tannen,D.［2001］*You Just Don't Understand: Women and Men in Conversation*, Quill.

岡田美智男［1997］「Talking Eyes――対話する「身体」を創る」、『システム／情報／制御』四一巻八号、三二三–三二八頁。

Suzuki,N., Y.Takeuchi, K.Ishii and M.Okada［2000］Talking Eye: Autonomous Creatures for Augmented Chatting, *Robotics and Autonomous Systems*, 31, pp.171-184.

第2章

岡田美智男、三嶋博之、佐々木正人編［2001］『身体性とコンピュータ』共立出版。

Goodwin,C.［1981］*Conversational Organization: Interaction between speakers and hearers*, Academic Press.

Steels,L.［2003］Evolving grounded communication for robots, *Trends in Cognitive Science*, 7（7）, pp. 308-312.

Pfeifer,R., and C.Scheier［2001］*Understanding Intelligence*, The MIT Press.

ゴッフマン（丸木恵祐、本名信行訳）［1980］『集まりの構造――新しい日常行動論を求めて』ゴッフマンの社会学4、誠信書房。

Okada,M., S.Sakamoto and N.Suzuki［2000］Muu: Artificial Creatures as an Embodied Interface, *SIGGRAPH 2000, the Emerging Technologies: Point of Departure*, p.91.

第3章

佐伯胖、佐々木正人［1990］『アクティブ・マインド――人間は動きのなかで考える』東京大学出版会。

Suchman,L.［1987］*Plans and situated action: the problem of human machine communication*, Cambridge University Press.

Hutchins,E.［1990］The technology of team navigation, in Galagher,E. et al（eds.）, *Intellectual Teamwork*, Lawrence Erlbaum.

Gibson,J.J.［1979］*The ecological approach to visual perception*, Houghton-Mifflin.（古崎敬ほか訳［1985］『生態学的視覚論――ヒトの知覚世界を探る』サイエンス社）。

板倉昭二［1999］『自己の起源――比較認知科学からのアプローチ』金子書房。

佐々木正人［1994］『アフォーダンス――新しい認知の理論』岩波科学ライブラリー12、岩波書店。

三嶋博之［2000］『エコロジカル・マインド――知性と環境をつなぐ心理学』日本放送出版協会。

Reed,E.S.［1996］*Encountering the World: Toward an Ecological Psychology*, Oxford Univ. Press.

河野哲也［2005］『環境に拡がる心――生態学的哲学の展望』勁草書房。

鷲田清一［1996］『じぶん この不思議な存在』講談社現代新書、講談社。

浜田寿美男［1999］『「私」とは何か――ことばと身体の出会い』講談社選書メチエ、講談社。

熊谷晋一郎［2009］『リハビリの夜』シリーズ ケアをひらく、医学書院。

本多啓［2005］『アフォーダンスの認知意味論――生態心理学から見た文法現象』東京大学出版会。

岡田美智男［2002］「ロボットの内なる視点から「発達」を考える」、『発達』九〇号、ミネルヴァ書房、九六－一〇三頁。

塩瀬隆之、岡田美智男［2000］「社会的なニッチを獲得する身体――構造化され構造化する身体の二重性をいかに表現するか」、岡田美智男、三嶋博之、佐々木正人編『身体性とコンピュータ』共立出版、一四六－一五七頁。

野呂博子、平田オリザ、川口義一、橋本慎吾編［2012］『ドラマチック日本語コミュニケーション――「演劇で学ぶ日本語」リソースブック』ココ出版。

第4章

Simon,H.A.［1969］*The Sciences of the Artificial*, The MIT Press.

岡田美智男、松本信義、塩瀬隆之、藤井洋之、李銘義、三嶋博之［2005］「ロボットとのコミュニケーションにおけるミニマルデザイン」、『ヒューマンインタフェース学会論文誌』七巻二号、一八九－一九七頁。

Suzuki,N., Y.Takeuchi, K.Ishii and M.Okada［2003］Effects of echoic mimicry using hummed sounds on human-computer interaction, *Journal of Speech Communication*, 40, pp.559-573.
吉池佑太、岡田美智男［2009］「ソーシャルな存在とは何か――Sociable PC に対する同型性の帰属傾向について」、『電子情報通信学会論文誌』Ｊ九二－Ａ（一一）、七四三－七五一頁。

第5章

麻生武［2002］『乳幼児の心理――コミュニケーションと自我の発達』コンパクト新心理学ライブラリー、サイエンス社。

岡本夏木［1982］『子どもとことば』岩波新書、岩波書店。

鯨岡峻［1997］『原初的コミュニケーションの諸相』ミネルヴァ書房。

鯨岡峻［2002］『「育てられる者」から「育てる者」へ――関係発達の視点から』ＮＨＫブックス、日本放送出版協会。

Garfinkel,H.［1967］*Studies in Ethnomethodology*, Prentice-Hall.

上野直樹、西阪仰［2000］『インタラクション――人工知能と心』大修館書店。

鷲田清一［2001］『〈弱さ〉のちから――ホスピタブルな光景』講談社。

礪波朋子、藤井洋之、岡田美智男、麻生武［2005］「子どもとロボットとのコミュニケーションの成立――モノを媒介とした共同行為」、『ヒューマンインタフェース学会論文誌』七巻一号、一四一－一四八頁。

Dautenhahn,K.［2000］Design Issues on Interactive Environments for Children with Autism, *3rd International Conference on Disability, Virtual Reality and Associated Technologies*, pp.153-161.

渡部信一［1998］『鉄腕アトムと晋平君――ロボット研究の進化と自閉症児の発達』ミネルヴァ書房。

山上雅子［1999］『自閉症児の初期発達 発達臨床的理解と援助』ミネルヴァ書房。

綾屋紗月、熊谷晋一郎［2008］『発達障害当事者研究』シリーズ ケアをひらく、医学書院。

宮本英美、李銘義、岡田美智男［2007］「社会的他者としてのロボット――自閉症児－ロボットの関係性の発展」、『発達心理学研究』一八巻一号、七八－八七頁。

やまだようこ［1987］『ことばの前のことば』ことばが生まれるすじみち1、新曜社。

第6章

吉田善紀、吉池佑太、岡田美智男［2009］「Sociable Trash Box――子どもたちと一緒にゴミを拾い集めるロボット」、『ヒューマンインタフェース学会論文誌』一一巻一号、二七−三六頁。

Yamaji,Y., T.Miyake, Y.Yoshiike, Ravindra De Silva and M.Okada［2011］STB: Child-Dependent Sociable Trash Box, *International Journal of Social Robotics*, 3（4）, pp.359-370.

ダニエル・デネット（土屋俊訳）［1997］『心はどこにあるのか』サイエンスマスターズ7、草思社。

佐伯胖編［2007］『共感――育ち合う保育のなかで』ミネルヴァ書房。

エドワード・ホール（日高敏隆、佐藤信行訳）［2000］『かくれた次元』みすず書房。

Kaye,K.［1982］*The Mental and Social Life of Babies: How parents create persons*, The University of Chicago Press.（鯨岡峻、鯨岡和子訳［1993］『親はどのようにして赤ちゃんをひとりの人間にするのか』、ミネルヴァ書房）。

渋谷昌三［1990］『人と人との快適距離――パーソナル・スペースとは何か』ＮＨＫブックス、日本放送出版協会。

田島信元［2003］『共同行為としての学習・発達 社会文化的アプローチ』認識と文化1、金子書房。

あとがき

「なにげなく歩く」というのは、とてもおもしろい行為だと思う。考えるより先に、とりあえずの一歩を繰り出してしまうのだから。

本書の中で繰り返し述べてきたことは、この「とりあえずの一歩」はとても「か弱い」もの、おぼつかないものでありながら、ただ「弱い」だけではないということだ。乳児が一人でヨタヨタと歩き出すその姿は周囲の人をハラハラさせつつも、新たなことを次々に生み出していくように、なにげない一歩は、侮れないほどに可能性をもった一歩でもあるのだ。

私たちの日々の暮らしも、この繰り返しの中にあるのだろう。どこに進もうとするのか、いま何をすべきなのか。そうした岐路に立ったとき、どうなってしまうかわからないけれど、せっかくなので一歩だけそっと踏み出してみる。すると、自分のやれることが少し見えてくる。この拓けていく感じがいい。そしてまたもう一歩だけ踏み出してみたくなる。

一冊の本をまとめる作業も、これとよく似たところがある。ああでもないこうでもないと考えてきたが、いざ文章にまとめようとすると最初の一行がなかなか書き出せない。何を書くべきか、何を話すべきか、こんな文体でいいのか、この流れでいいのか……。

でも、とりあえず書き始めてみると、見えてくることがある。そこで視野が少しだけ拓けてくる。なにげなく書き始めた文の断片は、次の思考や言葉をガイドしてくれる。そうした構えができると、少しずつ書くことそのものが楽しくなってくるのだ。

この本を書き終えるにあたって、いろいろな人の顔が思い浮かぶ。ここで一人ひとりお名前を挙げることはできないけれど、みなさんにお礼を申し上げたい。

特に、音声科学との出会いに始まり、「アフォ研」(アフォーダンス研究会)と称する集まりや、コミュニケーションの自然誌、発達臨床研究の集まりなど、本書はいろいろな方々との偶然ともいえる出会いに支えられている。また本書の中に登場したロボットたちは、これまでの同僚や研究スタッフ、学生たち、関係者の方々との協同の産物である。

本書をまとめる貴重な機会を与えていただいた医学書院の白石正明さんにもお

礼を申し上げたい。ヨタヨタした、つたない一歩を支えていただきながら、どうにかこうにか、ここまで辿りつくことができた。この本が無事に形を成すことになったのは、白石さんからの長い間の支え（＝グラウンディング）の賜物である。

本書の企画をいただいたのは、ATRから現在の勤務校に異動してきて、ほぼ三年が過ぎようとしていたころだった。ちょうど峠を登ってきたところで、「ちょっと休んで、お茶でもどうですか」と勧められたような気がした。その「峠の茶屋」で腰をおろしてみると、「いろんな荷物を抱えて、よくここまで登ってきたものだ」、そんな感慨がやってくる。ここで一服しながら、荷を整理してみようという気になった。

そのようなわけで、私の中での白石さんは「峠の茶屋のおじさん」のような人なのだ（いや、いろいろ思い返してみると、「さぁ、ここですべてを吐くんだ。そうすれば楽になるんだよ！」と、取調官のように見えた時期もあったような……）。

「ケア」「弱さ」「ロボット」、これらはどのように結びつくのだろう。はじめに本書の企画をいただいたときには、なかなか頭の中でつながっていかないものだった。それに、久しぶりに書く本なのに、どうして「弱さ」といった内向きのテーマなのだろうかとも思った。

しかし、「弱さ」はネガティブなイメージを伴う言葉だけれど、こうしてじっくりつきあってみるとまんざら悪くもないなあと思う。それを受け入れたうえで、だったらそれを積極的に生かせないか。あきらめではないけれど、うまくつきあっていけたら、その「弱さ」を越える、いやむしろ「弱さ」をちからに変えていくような、ポジティブな側面も拓けてくるのではないか。

これだけ書き連ねてきたところで、ようやくだけれど少し見えてきたような気がしている。

二〇一二年七月

岡田美智男

著者紹介

岡田美智男（おかだ・みちお）

1960年生まれ。小・中学生のころは、真空管のヒーターの灯りにワクワクしながら、半田ごて大好きのラジオ少年として過ごす。その後、電子工学を本格的に学ぼうと大学に進学するも、偶然の出会いも手伝って、音声科学、音声言語処理、認知科学、生態心理学、社会的相互行為論、社会的ロボティクスなどの分野を行きつ戻りつ、現在に至る。東北大学大学院工学研究科博士課程修了後、NTT基礎研究所情報科学研究部、国際電気通信基礎技術研究所（ATR）などを経て、現在、豊橋技術科学大学 情報・知能工学系教授。専門は、コミュニケーションの認知科学、社会的・関係論的ロボティクス、ヒューマン－ロボットインタラクション、次世代ヒューマンインタフェースなど。主な著書に、『〈弱いロボット〉の思考――わたし・身体・コミュニケーション』講談社、『ロボットの悲しみ――コミュニケーションをめぐる人とロボットの生態学』（共編者）新曜社、『ロボット――共生にむけたインタラクション』東京大学出版会、『〈弱いロボット〉から考える――人・社会・生きること』岩波ジュニア新書。

http://www.icd.cs.tut.ac.jp/~okada

シリーズ ケアをひらく

弱いロボット

発行　2012年9月1日　第1版第1刷©
　　　2025年2月1日　第1版第5刷

著者　岡田美智男

発行者　株式会社　医学書院
　　　代表取締役　金原 俊
　　　〒113-8719　東京都文京区本郷1-28-23
　　　電話 03-3817-5600（社内案内）

装幀・イラスト　加藤愛子（オフィスキントン）
表紙撮影　安部俊太郎

印刷・製本　アイワード

ISBN978-4-260-01673-5

テキストデータ引換券
弱いロボット

◎本書のテキストデータを提供します。
視覚障害、読字障害、上肢障害などの理由で本書をお読みになれない方には、
電子データを提供いたします。
・200円切手
・返信用封筒(住所明記)
・左のテキストデータ引換券(コピー不可)を同封のうえ、下記までお申し込みください。
［宛先］
〒113-8719 東京都文京区本郷1-28-23
医学書院看護出版部 テキストデータ係

べてるの家の「当事者研究」●浦河べてるの家●2000円●研究？ ワクワクするなあ———べてるの家で「研究」がはじまった。心の中を見つめたり、反省したり……なんてやつじゃない。どうにもならない自分を、他人事のように考えてみる。仲間と一緒に笑いながら眺めてみる。やればやるほど元気になってくる、不思議な研究。合い言葉は「自分自身で、共に」。そして「無反省でいこう！」

ケアってなんだろう●小澤勲編著●2000円●「技術としてのやさしさ」を探る七人との対話———「ケアの境界」にいる専門家、作家、若手研究者らが、精神科医・小澤勲氏に「ケアってなんだ？」と迫り聴く。「ほんのいっときでも憩える椅子を差し出す」のがケアだと言い切れる人の《強さとやさしさ》はどこから来るのか———。感情労働が知的労働に変換されるスリリングな一瞬！

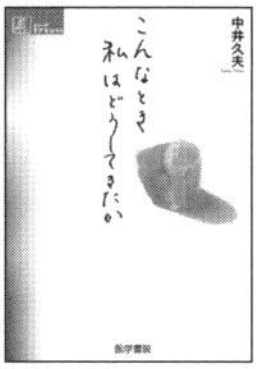

こんなとき私はどうしてきたか●中井久夫●2000円●「希望を失わない」とはどういうことか———はじめて患者さんと出会ったとき、暴力をふるわれそうになったとき、退院が近づいてきたとき、私はどんな言葉をかけ、どう振る舞ってきたか。当代きっての臨床家であり達意の文章家として知られる著者渾身の一冊。ここまで具体的で美しいアドバイスが、かつてあっただろうか。

発達障害当事者研究：ゆっくりていねいにつながりたい●綾屋紗月＋熊谷晋一郎●2000円●あふれる刺激、ほどける私———なぜ空腹がわからないのか、なぜ看板が話しかけてくるのか。外部からは「感覚過敏」「こだわりが強い」としか見えない発達障害の世界を、アスペルガー症候群当事者が、脳性まひの共著者と探る。「過剰」の苦しみは身体に来ることを発見した画期的研究！

ニーズ中心の福祉社会へ：当事者主権の次世代福祉戦略●上野千鶴子＋中西正司編●2200円●社会改革のためのデザイン！ ビジョン!! アクション!!!———「こうあってほしい」という構想力をもったとき、人はニーズを知り、当事者になる。「当事者ニーズ」をキーワードに、研究者とアクティビストたちが「ニーズ中心の福祉社会」への具体的シナリオを提示する。

コーダの世界：手話の文化と声の文化●澁谷智子● 2000円●生まれながらのバイリンガル？———コーダとは聞こえない親をもつ聞こえる子どもたち。「ろう文化」と「聴文化」のハイブリッドである彼らの日常は驚きに満ちている。親が振り向いてから泣く赤ちゃん？ じっと見つめすぎて誤解される若い女性？ 手話が「言語」であり「文化」であると心から納得できる刮目のコミュニケーション論。

技法以前：べてるの家のつくりかた●向谷地生良● 2000円●私は何をしてこなかったか———「幻覚&妄想大会」をはじめとする掟破りのイベントはどんな思考回路から生まれたのか？ べてるの家のような〝場〟をつくるには、専門家はどう振る舞えばよいのか？ 「当事者の時代」に専門家にできることを明らかにした、かつてない実践的「非」援助論。べてるの家スタッフ用「虎の巻」、大公開！

逝かない身体：ALS的日常を生きる●川口有美子● 2000円●即物的に、植物的に —— 言葉と動きを封じられたALS患者の意思は、身体から探るしかない。ロックトイン・シンドロームを経て亡くなった著者の母を支えたのは、「同情より人工呼吸器」「傾聴より身体の微調整」という究極の身体ケアだった。重力に抗して生き続けた母の「植物的な生」を身体ごと肯定した圧倒的記録。

第41回大宅壮一ノンフィクション賞受賞作

リハビリの夜●熊谷晋一郎● 2000円●痛いのは困る——現役の小児科医にして脳性まひ当事者である著者は、《他者》や《モノ》との身体接触をたよりに、「官能的」にみずからの運動をつくりあげてきた。少年期のリハビリキャンプにおける過酷で耽美な体験、初めて電動車いすに乗ったときの時間と空間が立ち上がるめくるめく感覚などを、全身全霊で語り尽くした驚愕の書。

第9回新潮ドキュメント賞受賞作

その後の不自由●上岡陽江＋大嶋栄子● 2000円●〝ちょっと寂しい〟がちょうどいい——トラウマティックな事件があった後も、専門家がやって来て去っていった後も、当事者たちの生は続く。しかし彼らはなぜ「日常」そのものにつまずいてしまうのか。なぜ援助者を振り回してしまうのか。そんな「不思議な人たち」の生態を、薬物依存の当事者が身を削って書き記した当事者研究の最前線！

第 2 回日本医学ジャーナリスト協会賞受賞作

驚きの介護民俗学●六車由実●2000 円●語りの森へ――気鋭の民俗学者は、あるとき大学をやめ、老人ホームで働きはじめる。そこで流しのバイオリン弾き、蚕の鑑別嬢、郵便局の電話交換手ら、「忘れられた日本人」たちの語りに身を委ねていると、やがて新しい世界が開けてきた……。「事実を聞く」という行為がなぜ人を力づけるのか。聞き書きの圧倒的な可能性を活写し、高齢者ケアを革新する。

ソローニュの森●田村尚子●2600 円●ケアの感触、曖昧な日常――思想家ガタリが終生関わったことで知られるラ・ボルド精神病院。一人の日本人女性の震える眼が掬い取ったのは、「フランスのべてるの家」ともいうべき、患者とスタッフの間を流れる緩やかな時間だった。ルポやドキュメンタリーとは一線を画した、ページをめくるたびに深呼吸ができる写真とエッセイ。B5 変型版。

弱いロボット●岡田美智男●2000 円●とりあえずの一歩を支えるために――挨拶をしたり、おしゃべりをしたり、散歩をしたり。そんな「なにげない行為」ができるロボットは作れるか？　この難題に著者は、ちょっと無責任で他力本願なロボットを提案する。日常生活動作を規定している「賭けと受け」の関係を明るみに出し、ケアをすることの意味を深いところで肯定してくれる異色作！

当事者研究の研究●石原孝二編●2000 円●で、当事者研究って何だ?――専門職・研究者の間でも一般名称として使われるようになってきた当事者研究。それは、客観性を装った「科学研究」とも違うし、切々たる「自分語り」とも違うし、勇ましい「運動」とも違う。本書は哲学や教育学、あるいは科学論と交差させながら、“自分の問題を他人事のように扱う”当事者研究の圧倒的な感染力の秘密を探る。

摘便とお花見：看護の語りの現象学●村上靖彦●2000 円●とるにたらない日常を、看護師はなぜ目に焼き付けようとするのか――看護という「人間の可能性の限界」を拡張する営みに吸い寄せられた気鋭の現象学者は、共感あふれるインタビューと冷徹な分析によって、その不思議な時間構造をあぶり出した。巻末には圧倒的なインタビュー論を付す。看護行為の言語化に資する驚愕の一冊。

坂口恭平躁鬱日記●坂口恭平●1800円●僕は治ることを諦めて、「坂口恭平」を操縦することにした。家族とともに。――マスコミを席巻するきらびやかな才能の奔出は、「躁」のなせる業でもある。「鬱」期には強固な自殺願望に苛まれ外出もおぼつかない。この病に悩まされてきた著者は、あるとき「治療から操縦へ」という方針に転換した。その成果やいかに！　涙と笑いと感動の当事者研究。

カウンセラーは何を見ているか●信田さよ子●2000円●傾聴？ ふっ。――「聞く力」はもちろん大切。しかしプロなら、あたかも素人のように好奇心を全開にして、相手を見る。そうでなければ〈強制〉と〈自己選択〉を両立させることはできない。若き日の精神科病院体験を経て、開業カウンセラーの第一人者になった著者が、「見て、聞いて、引き受けて、踏み込む」ノウハウを一挙公開！

クレイジー・イン・ジャパン：べてるの家のエスノグラフィ●中村かれん●2200円●日本の端の、世界の真ん中。――インドネシアで生まれ、オーストラリアで育ち、イェール大学で教える医療人類学者が、べてるの家に辿り着いた。7か月以上にも及ぶ住み込み。10年近くにわたって断続的に行われたフィールドワーク。べてるの「感動」と「変貌」を、かつてない文脈で発見した傑作エスノグラフィ。付録DVD「Bethel」は必見の名作！

漢方水先案内：医学の東へ●津田篤太郎●2000円●漢方ならなんとかなるんじゃないか？―― 原因がはっきりせず成果もあがらない「ベタなぎ漂流」に追い込まれたらどうするか。病気に対抗する生体のパターンは決まっているならば、「生体をアシスト」という方法があるじゃないか！　万策尽きた最先端の臨床医がたどり着いたのは、キュアとケアの合流地点だった。それが漢方。

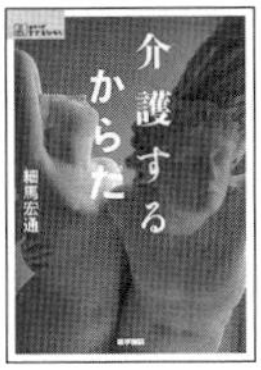

介護するからだ●細馬宏通●2000円●あの人はなぜ「できる」のか？―― 目利きで知られる人間行動学者が、ベテランワーカーの神対応をビデオで分析してみると……、そこには言語以前に〝かしこい身体〟があった！　ケアの現場が、ありえないほど複雑な相互作用の場であることが分かる「驚き」と「発見」の書。マニュアルがなぜ現場で役に立たないのか、そしてどうすればうまく行くのかがよーく分かります。

第 16 回小林秀雄賞
受賞作
紀伊國屋じんぶん大賞
2018 受賞作

中動態の世界：意志と責任の考古学●國分功一郎●2000 円●「する」と「される」の外側へ――強制はないが自発的でもなく、自発的ではないが同意している。こうした事態はなぜ言葉にしにくいのか？ なぜそれが「曖昧」にしか感じられないのか？ 語る言葉がないからか？ それ以前に、私たちの思考を条件付けている「文法」の問題なのか？ ケア論にかつてないパースペクティヴを切り開く画期的論考！

どもる体●伊藤亜紗●2000 円●しゃべれるほうが、変。――話そうとすると最初の言葉を繰り返してしまう（＝連発という名のバグ）。それを避けようとすると言葉自体が出なくなる（＝難発という名のフリーズ）。吃音とは、言葉が肉体に拒否されている状態だ。しかし、なぜ歌っているときにはどもらないのか？ 徹底した観察とインタビューで吃音という「謎」に迫った、誰も見たことのない身体論！

異なり記念日●齋藤陽道●2000 円●手と目で「看る」とはどういうことか――「聞こえる家族」に生まれたろう者の僕と、「ろう家族」に生まれたろう者の妻。ふたりの間に、聞こえる子どもがやってきた。身体と文化を異にする 3 人は、言葉の前にまなざしを交わし、慰めの前に手触りを送る。見る、聞く、話す、触れることの〈歓び〉とともに。ケアが発生する現場からの感動的な実況報告。

在宅無限大：訪問看護師がみた生と死●村上靖彦●2000 円●「普通に死ぬ」を再発明する――病院によって大きく変えられた「死」は、いま再びその姿を変えている。先端医療が組み込まれた「家」という未曾有の環境のなかで、訪問看護師たちが地道に「再発明」したものなのだ。著者は並外れた知的肺活量で、訪問看護師の語りを生け捕りにし、看護が本来持っているポテンシャルを言語化する。

第 19 回大佛次郎論壇賞
受賞作
紀伊國屋じんぶん大賞
2020 受賞作

居るのはつらいよ：ケアとセラピーについての覚書●東畑開人●2000 円●「ただ居るだけ」vs.「それでいいのか」――京大出の心理学ハカセは悪戦苦闘の職探しの末、沖縄の精神科デイケア施設に職を得た。しかし勇躍飛び込んだそこは、あらゆる価値が反転する「ふしぎの国」だった。ケアとセラピーの価値について究極まで考え抜かれた、涙あり笑いあり出血（！）ありの大感動スペクタル学術書！

誤作動する脳●樋口直美● 2000 円●「時間という一本のロープにたくさんの写真がぶら下がっている。それをたぐり寄せて思い出をつかもうとしても、私にはそのロープがない」——ケアの拠り所となるのは、体験した世界を正確に表現したこうした言葉ではないだろうか。「レビー小体型認知症」と診断された女性が、幻視、幻臭、幻聴など五感の変調を抱えながら達成した圧倒的な当事者研究!

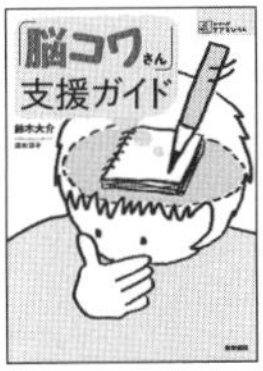

「脳コワさん」支援ガイド●鈴木大介●2000 円●脳がコワれたら、「困りごと」はみな同じ。——会話がうまくできない、雑踏が歩けない、突然キレる、すぐに疲れる……。病名や受傷経緯は違っていても結局みんな「脳の情報処理」で苦しんでいる。だから脳を「楽」にすることが日常を取り戻す第一歩だ。疾患を超えた「困りごと」に着目する当事者学が花開く、読んで納得の超実践的ガイド!

第 9 回日本医学ジャーナリスト協会賞受賞作

食べることと出すこと●頭木弘樹● 2000 円●食べて出せれば OK だ!(けど、それが難しい……。)——潰瘍性大腸炎という難病に襲われた著者は、食事と排泄という「当たり前」が当たり前でなくなった。IVH でも癒やせない顎や舌の飢餓感とは? 便の海に茫然と立っているときに、看護師から雑巾を手渡されたときの気分は? 切実さの狭間に漂う不思議なユーモアが、何が「ケア」なのかを教えてくれる。

やってくる●郡司ペギオ幸夫● 2000 円●「日常」というアメイジング!——私たちの「現実」は、外部からやってくるものによってギリギリ実現されている。だから日々の生活は、何かを為すためのスタート地点ではない。それこそが奇跡的な達成であり、体を張って実現すべきものなんだ! ケアという「小さき行為」の奥底に眠る過激な思想を、素手で取り出してみせる圧倒的な知性。

みんな水の中●横道 誠● 2000 円●脳の多様性とはこのことか!——ASD(自閉スペクトラム症)と ADHD(注意欠如・多動症)と診断された大学教員は、彼を取り囲む世界の不思議を語りはじめた。何もかもがゆらめき、ぼんやりとしか聞こえない水の中で、〈地獄行きのタイムマシン〉に乗せられる。そんな彼を救ってくれたのは文学と芸術、そして仲間だった。赤裸々、かつちょっと乗り切れないユーモアの日々。

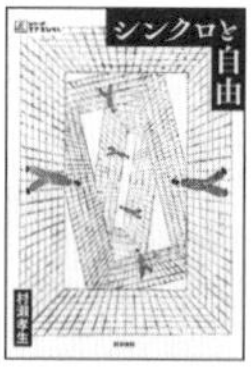

シンクロと自由●村瀬孝生●2000円●介護現場から「自由」を更新する――「こんな老人ホームなら入りたい！」と熱い反響を呼んだNHK番組「よりあいの森 老いに沿う」。その施設長が綴る、自由と不自由の織りなす不思議な物語。しなやかなエピソードに浸っているだけなのに、気づくと温かい涙が流れている。万策尽きて途方に暮れているのに、希望が勝手にやってくる。

わたしが誰かわからない：ヤングケアラーを探す旅●中村佑子●2000円●ケア的主体をめぐる冒険的セルフドキュメント！――ヤングケアラーとは、世界をどのように感受している人なのか。取材はいつの間にか、自らの記憶をたぐり寄せる旅に変わっていた。「あらかじめ固まることを禁じられ、自他の境界を横断してしまう人」として、著者はふたたび祈るように書きはじめた。

超人ナイチンゲール●栗原 康●2000円●誰も知らなかったナイチンゲールに、あなたは出会うだろう――鬼才文人アナキストが、かつてないナイチンゲール伝を語り出した。それは聖女でもなく合理主義者でもなく、「近代的個人」の設定をやすやすと超える人だった。「永遠の今」を生きる人だった。救うものが救われて、救われたものが救っていく。そう、看護は魂にふれる革命なのだ。

あらゆることは今起こる●柴崎友香●2000円●私の体の中には複数の時間が流れている――ADHDと診断された小説家は、薬を飲むと「36年ぶりに目が覚めた」。自分の内側でいったい何が起こっているのか。「ある場所の過去と今。誰かの記憶と経験。出来事をめぐる複数からの視点。それは私の小説そのもの」と語る著者の日常生活やいかに。SFじゃない並行世界報告！

安全に狂う方法●赤坂真理●2000円●「人を殺すか自殺するしかないと思った」――そんな私に、女性セラピストはこう言った。「あなたには、安全に狂う必要が、あります」。そう、自分を殺しそうになってまで救いたい自分がいたのだ！ そんな自分をレスキューする方法があったのだ、アディクションという《固着》から抜け出す方法が！ 愛と思考とアディクションをめぐる感動の旅路。